Prüfungswissen kompakt

Dipl.-Volkswirt Reinhard Fresow

Wirtschaftsbezogene Qualifikationen

Rechnungswesen

Zusammenfassung für die IHK-Prüfung

Inhalt nach DIHK-Rahmenplan

Aschaffenburg, Mai 2016

Letzte berücksichtigte Klausur:
März 2016

Kontakt:
mail@fachwirteverlag.de

FSC
www.fsc.org
MIX
Papier aus verantwortungsvollen Quellen
Paper from responsible sources
FSC® C105338

ISBN 978-3- 95887-125-0

Bibliografische Information der Deutschen Nationalbibliothek:
Die Deutsche Nationalbibliothek verzeichnet diese Publikation in der Deutschen Nationalbibliografie; detaillierte bibliografische Daten sind im Internet über http://dnb.dnb.de abrufbar.

Umschlaggestaltung: Simone Meckel

Herstellung und Vertrieb: BoD – Books on Demand

Inhaltsverzeichnis

Vorbemerkung

Die Reihe **»Prüfungswissen kompakt«** bietet knappe und zuverlässige Zusammenfassungen für die unmittelbare Prüfungsvorbereitung. Es wurden alle Stichpunkte des Rahmenplans und alle bisherigen Klausurfragen einschließlich 2015 berücksichtigt. Bei jedem Thema ist angegeben, in welcher Klausur und Frage dieser Stoff vorkam. Damit ist auf einen Blick zu erkennen, was bisher wie oft gefragt wurde, und es können schnell in den bisher geschriebenen Klausuren passende Aufgaben zum Üben gefunden werden. In dem Buch „**Wirtschaftsbezogene Qualifikationen**" (ISBN 978-3-95887-195-3; 19,80 €) ist so der komplette Stoff der Prüfung für alle vier Klausuren dargestellt.

Dieser Band **Rechnungswesen** ist mehr gedacht für diejenigen, die in diesem Handlungsbereich eine **Ergänzungsprüfung** oder die **Wiederholung** der Klausur vor sich haben. Er enthält dem Stoffplan entsprechend die Bereiche (mit Angabe der Punkte in der Klausur nach DIHK-Empfehlung):

<table>
<tr><td>Grundlegende Aspekte des Rechnungswesens</td><td rowspan="2">20</td></tr>
<tr><td>Finanzbuchhaltung</td></tr>
<tr><td>Kosten-und Leistungsrechnung</td><td>60</td></tr>
<tr><td>Auswertung der betriebswirtschaftlichen Zahlen</td><td rowspan="2">20</td></tr>
<tr><td>Planungsrechnung</td></tr>
</table>

Der Schwerpunkt liegt also eindeutig auf dem 3. Kapitel „Kosten-und Leistungsrechnung", das vor allem wegen seines Rechen-und Zeitaufwandes besonders gefürchtet wird. Die Klausur ist meistens so aufgebaut, dass aus den ersten beiden Kapiteln je eine Frage mit 8-12 Punkten gestellt wird, zur Kosten- und Leistungsrechnung folgen drei Aufgaben, von denen zwei überwiegend als Rechenaufgaben gestaltet sind, und schließlich wieder zwei kürzere Fragen zu den letzten beiden Kapiteln.

In der mündlichen Ergänzungsprüfung dagegen werden meist mehr Grundbegriffe aus allen Kapiteln abgefragt und selten Rechenaufgaben gestellt.

Zur optimalen Vorbereitung auf diese „zweite Chance" – ob nun Wiederholung der Klausur oder Ergänzungsprüfung – wurden zusätzlich aufgenommen:

- Extra-Kapitel „Ergänzungsprüfung" mit vielen Tipps aus der Praxis als Prüfer;
- Kontrollfragen, ob die Schlüsselbegriffe erinnert werden;
- Übungsaufgaben, um typische Klausurfragen beantworten zu können.

1. Grundlegende Aspekte des Rechnungswesens

Aufgaben des Rechnungswesens:
- Dokumentation der Zahlungsströme
- wertmäßige Erfassung der Güterströme
- Ermittlung des Periodenerfolgs
- Rechenschaftslegung
- Informationsbeschaffung als Entscheidungsgrundlage
- Herstellung der Voraussetzungen für Kontrolle.

1.1 Abgrenzungen

Bereiche des Rechnungswesens
2008, Aufg.1a | 2011 Früh, Aufg.1 | 2015 Früh, Aufg.1
Finanzbuchhaltung (FIBU): Buchführung, Bilanz, Gewinn-und Verlustrechnung („externes Rechnungswesen").
Kosten-und Leistungsrechnung (KLR): Kostenartenrechnung, Kostenstellenrechnung, Kostenträgerrechnung (Kalkulation)
Statistik: betriebswirtschaftliche Statistik, Vergleichsrechnungen intern, Vergleichsrechnungen extern
Planungsrechnung: Prognoserechnung, Budgetrechnung.

Begriffsabgrenzungen:
Auszahlung: Abgang liquider Mittel; z.B. Bezahlen einer Rechnung durch Überweisung.
Ausgabe: Veränderung des Werts aller zugegangenen Güter und Dienstleistungen durch Ankauf; Entstehen einer Verbindlichkeit, die (später) zu Auszahlung führt.

Aufwand: Veränderung des Werts aller verbrauchten Güter und Dienstleistungen; die Ausgabe für eine Ware wird durch den Verkauf zum Aufwand

Kosten: Werteverzehr durch Leistungserstellung.

Einzahlung: Zugang liquider Mittel; z.B. Bezahlen einer Rechnung durch Überweisung

Einnahme: Veränderung des Werts alle abgegangenen Güter und Dienstleistungen durch Verkauf; Entstehen einer Forderung die (später) zu Einzahlung führt

Ertrag: Veränderung des Werts aller erbrachten Leistungen; die Einnahme für eine Ware wird durch den Kauf zum Ertrag

Leistungen: Wertezuwachs durch Leistungsverwertung

Zusammenhang der Bereiche

2008, Aufg.1b

Die **Buchführung** zeichnet alle Geschäftsvorfälle geordnet auf und dokumentiert. Die Bestände werden zum Abschlussstichtag in der **Bilanz** gegenübergestellt Sie zeichnet gesondert alle Aufwendungen und Erträge auf, die zum Abschlussstichtag in der **Gewinn-und Verlustrechnung** gegenübergestellt werden. Die Buchführung liefert auch die Grundlagen für die **Kosten- und Leistungsrechnung**, die nur innerbetrieblichen Zwecken dient; die KLR ermittelt Selbstkosten und liefert die Kalkulation z.B. von Verkaufspreisen. Die **Statistik** bereitet Daten der Buchführung und KLR auf, um Analysen und Entscheidungen vorzubereiten. Sie liefert damit gemeinsam mit Buchführung und KLR Daten und Auswertungen für die **Planung** der künftigen Entwicklung.

Hauptelemente der Teilbereiche

Buchführung:

Zeitrechnung = alle Aufwendungen und Erträge sowie alle Bestände der Vermögens-und Kapitalteile werden für eine bestimmte Periode erfasst.

Dokumentation = Aufzeichnung aller Geschäftsfälle nach Belegen; liefert die Daten für die anderen Bereiche des Rechnungswesens.
Rechenschaftslegung = Darlegung der Veränderung an Vermögen und Kapital sowie des Unternehmenserfolgs nach Abschluss einer Periode.

Kosten-und Leistungsrechnung:

Stück-und Zeitrechnung = Kosten und Leistungen werden erfasst für eine bestimmte Periode (Zeitrechnung) und pro Kostenträger (Stück Rechnung)
Überwachung der Wirtschaftlichkeit = Betriebsergebnis wird ermittelt durch die Gegenüberstellung von Kosten und Leistungen und die Wirtschaftlichkeit in der Abrechnungsperiode beurteilt.

Statistik:

Auswertung = Daten der Buchhaltung und der KLR werden verdichtet, aufbereitet und mithilfe von Diagrammen und Kennzahlen dargestellt.
Vergleichsrechnung = die ermittelten Kennzahlen werden intern (mit zurückliegenden Perioden) und extern (mit Branchenwerten) verglichen.

Planungsrechnung:

Aus den Ist-Daten (Vergangenheit) werden Soll-Daten für die Zukunft (= Zielwerte) entwickelt. In der aktuellen Periode können dann durch Soll-Ist-Vergleiche Erkenntnisse über die Zielerreichung und eventuell erforderliche Maßnahmen gewonnen werden.

1.2 Grundsätze ordnungsgemäßer Buchführung (GoB)

2009 Früh, Aufg.1 | 2010 Herbst, Aufg.1 | 2012 Früh, Aufg.1

Rechtsgrundlagen: § 238 I HG B; § 145 AO
Prinzip: Für einen sachverständigen Dritten muss ein Überblick über Geschäftsfelder und Unternehmenslage in angemessener Zeit möglich sein.

Einzelne **Grundsätze**:

Klarheit und Übersichtlichkeit = sachgerechte und überschaubare Organisation der Buchführung, übersichtliche Gliederung von Bilanz und Gewinn-und Verlustrechnung, Leserlichkeit aller Eintragungen

Keine Buchung ohne Beleg = jede Geschäftsvorfall muss anhand von Belegen fortlaufend und vollständig, sachlich richtig und zeitgerecht erfasst und dokumentiert werden, damit alle Buchungen jederzeit nachprüfbar sind. Kasseneinnahmen und -ausgaben müssen täglich aufgezeichnet werden.

Verständliche Sprache = bei den Aufzeichnungen in der Buchführung hat sich der Kaufmann einer lebenden Sprache zu bedienen.

Richtigkeit und Willkürfreiheit = die Aufzeichnungen in den Handelsbüchern müssen sachlich und rechnerisch richtig sein und nach einheitlichen Grundsätzen gemacht werden. Abkürzungen, Ziffern und Buchstaben müssen ihrer Bedeutung eindeutig festliegen.

Vollständigkeit und Nachprüfbarkeit = die Aufzeichnungen in den Handelsbüchern müssen hinsichtlich der Geschäftsvorfälle und des Inventars vollständig und anhand von Belegen und Inventuraufzeichnungen jederzeit nachprüfbar sein. Der Jahresabschluss muss in deutscher Sprache und seit dem Jahr 2002 in Euro durchgeführt werden.

Ordnungsgemäße Aufbewahrung = Handelsbücher und sonstige Aufzeichnungen der Buchführung, Buchungsbelege und Buchführungsprogramme, Inventare und Jahresabschlüsse sind **10 Jahre**, Handels-und Geschäftsbriefe sind **6 Jahre** ordnungsgemäß aufzubewahren. Alle auf Datenträgern gespeicherten Buchungen und Aufzeichnungen müssen auf Anforderung jederzeit in Klarschrift leserlich gemacht werden können.

Korrekturen dürfen nur über Buchungen vorgenommen werden; streichen und unkenntlich machen ist nicht zulässig.

Handelsbücher = Journal, Hauptbuch, Inventar, Wareneingangsbuch, Warenausgangsbuch etc.

Jahresabschluss = Bilanz, Gewinn-und Verlust-Rechnung; je nach Publizitätspflicht eventuell noch Lagebericht.

1.3 Buchführungspflichten

2011 Herbst, Aufg.1

Zweck Gläubigerschutz - Grundlage Handelsrecht
HGB; Aktiengesetz; GmbH-Gesetz; Genossenschaftsgesetz

Zweck Besteuerungsgrundlagen – Grundlage Steuerrecht
Abgabenordnung; Einkommensteuergesetz; Körperschaftsteuergesetz; Umsatzsteuergesetz

Gesetzliche Standards in Deutschland:
Bilanzrichtlinien-Gesetz (BiRiLiG); Bilanzrechtsmodernisierungsgesetz (BilMoG); Gesetz zur Verbesserung der Wettbewerbsfähigkeit deutscher Konzerne an Kapitalmärkten (KapAEG); Gesetz zur Kontrolle und Transparenz im Unternehmensbereich (KonTraG).

Internationale Rechnungslegungsnormen:
International Accounting Standards (IAS); Internet Financial Reporting Standards (IFRS); US-Generally Accepted Accounting Principles (US-GAAP)

Handelsrecht, § 238 HGB *(siehe auch 1.2 GoB)*:
„Jeder Kaufmann ist verpflichtet, Bücher zu führen und in diesen seine Handelsgeschäfte und die Lage seines Vermögens nach den Grundsätzen ordnungsmäßiger Buchführung ersichtlich zu machen. Die Buchführung muss so beschaffen sein, dass sie einem sachverständigen Dritten innerhalb angemessener Zeit einen Überblick über die Geschäftsvorfälle und über die Lage des Unternehmens vermitteln kann. Die Geschäftsvorfälle müssen sich in ihrer Entstehung und Abwicklung verfolgen lassen.

Der Kaufmann ist verpflichtet, eine mit der Urschrift übereinstimmende Wiedergabe der abgesandten Handelsbriefe... zurückzubehalten."

Steuerrecht, § 140 AO:
„Wer nach anderen Gesetzen als den Steuergesetzen Bücher und Aufzeichnungen zu führen hat, die für die Besteuerung von Bedeutung sind, hat die Verpflichtungen, die ihm nach den anderen Gesetzen obliegen, auch für die Besteuerung zu erfüllen (gemeint ist § 238 HGB).

Buchführungspflicht bestimmter Steuerpflichtiger (§ 141 AO):
„Gewerbliche Unternehmer sowie Land-und Forstwirte, die... Umsätze einschließlich der steuerfreien Umsätze... von mehr als 600.000 € im Kalenderjahr oder... einen Gewinn aus Gewerbebetrieb von mehr als 60.000 € im Wirtschaftsjahr... gehabt haben, sind auch dann verpflichtet, für diesen Betrieb Bücher zu führen und aufgrund jährlicher Bestandsaufnahmen Abschlüsse zu machen, wenn sich eine Buchführungspflicht nicht aus Paragraph 140 ergibt."
(begrenzt damit die Befreiung von der Buchführungspflicht z.B. für Kleingewerbetreibende, Freiberufler).

1.4 Bilanzierungs- und Bewertungsgrundsätze

2012 Herbst, Aufg.4 | 2014 Früh, Aufg.2 | 2014 Herbst, Aufg.2 | 2015 Herbst, Aufg.1

Bilanz = die (durch doppelte Buchführung zwangsläufig immer ausgeglichene) Gegenüberstellung von **Aktiva** (= Vermögen; Auskunft über Mittelverwendung) und **Passiva** (= Kapital; Auskunft über Mittelherkunft).
GuV-Rechnung = Gegenüberstellung von Erträgen und Aufwendungen für eine Periode

Bewertungsgrundsätze (§ 252 HGB):

Bilanzidentität: die Wertansätze in der Eröffnungsbilanz des Geschäftsjahres müssen mit denen der Schlussbilanz des vorhergehenden Geschäftsjahres übereinstimmen.
Unternehmensfortführung: bei der Bewertung ist von der Fortführung der Unternehmenstätigkeit auszugehen, sofern dem nicht tatsächliche oder rechtliche Gegebenheiten entgegenstehen.
Einzelbewertung: die Vermögensgegenstände und Schulden sind zum Abschlussstichtag einzeln zu bewerten.

Vorsichtsprinzip *(2013 Früh, Aufg.1 | 2013 Herbst, Aufg.1b)*: es sind alle vorhersehbaren Risiken und Verluste, die bis zum Abschlussstichtag entstanden sind, zu berücksichtigen, selbst wenn sie erst zwischen Abschlussstichtag und Erstellung des Jahresabschlusses bekannt geworden sind (**Imparitätsprinzip**). Gewinne sind nur zu berücksichtigen, wenn sie am Abschlussstichtag realisiert sind (**Realisationsprinzip**).

Periodenabgrenzung: Aufwendungen und Erträge des Geschäftsjahres sind unabhängig von den Zeitpunkten der entsprechenden Zahlungen im Jahresabschluss zu berücksichtigen.
Bewertungsstetigkeit: die auf den vorhergehenden Jahresabschluss angewandten Bewertungsmethoden sind beizubehalten.

Bewertung des Anlagevermögens (§ 253 HGB)
2009 Herbst, Aufg.1
Vermögensgegenstände sind höchstens mit den Anschaffungs- oder Herstellungskosten vermindert um die Abschreibungen anzusetzen. - **Anschaffungskosten** = Anschaffungspreis plus Nebenkosten minus Preisminderung; **Herstellungskosten** (NICHT = Herstellkosten der KLR!) vereinfacht = Materialkosten + Fertigungskosten + Abschreibungen.

Abschreibungen

„**bilanzielle** Abschreibungen": Summe der Abschreibungsbeträge darf Anschaffungs-bzw. Herstellungskosten nicht überschreiten (im Unterschied zu kalkulatorischen A.).
Lineare = gleichmäßige Verteilung der Anschaffungskosten auf die Nutzungsdauer; **degressive** = gleicher Prozentsatz auf den jeweiligen Restwert (max. das Doppelte des Betrages bei linearer Abschreibung, max. 25 %)

außerplanmäßige Abschreibungen:
- bei außergewöhnlichen dauerhaften Wertminderungen;
- bei Wertminderungen von nicht abnutzbaren Anlagegütern.

Geringwertige Wirtschaftsgüter:
bei Anschaffungskosten bis 1000 € Teil eines Sammelpostens, abzuschreiben linear; bei Anschaffungskosten bis 150 € ohne Aktivierung als Aufwand zu buchen.

Bewertung des Anlagevermögens
2013 Herbst, Aufg.1
Niederstwertprinzip:
grundsätzlich Bewertung zu Anschaffungskosten; bei Sinken des Werts unter Anschaffungswert Bewertung zu dem niedrigeren Wert. Gilt nicht für abnutzbares Anlagevermögen bei zeitlich unbegrenzter Nutzung (Grundstücke; Beteiligungen).

Bewertung des Umlaufvermögens
Niederstwertprinzip:
- Sammel-/Gruppenbewertung: Zusammenfassung;
- Festwert: Bewertung bei geringen Schwankungen im Bestand;
- Durchschnittsbewertung, wenn Anschaffungskosten nicht einwandfrei feststellbar sind
- Verbrauchsfolgeverfahren unterstellt, dass zuerst („FIFO" = first in, first out) oder zuletzt („LIFO" = last in, first out) angeschaffte Vermögensgegenstände zuerst verbraucht werden.

Bewertung von Forderungen
- einwandfreie: Bewertung zum Nennbetrag
- zweifelhafte: Bilanzierung mit dem wahrscheinlichen Wert
- uneinbringliche: Sofortabschreibung.

Kontrollfragen Kap. 1

Welche Aufgaben umfasst die Finanzbuchhaltung?

Welcher Bereich des Rechnungswesens ist zukunftsorientiert?

Welcher Bereich des Rechnungswesens wird auch „externes Rechnungswesen“ genannt?

Wie lange sind Buchungsbelege und wie lange Geschäftsbriefe aufzubewahren?

Kleingewerbetreibende sind von der Buchführungspflicht zwar befreit, aber ab welchem Gewinn gilt das nicht mehr?

Wie sind zweifelhafte Forderungen zu bilanzieren?

Wie nennt man den Grundsatz, dass die Eröffnungsbilanz des Geschäftsjahres mit dem der Schlussbilanz des vorhergehenden Geschäftsjahres übereinstimmen muss?

Worüber geben in der Bilanz Aktiva und Passiva Auskunft?

Antworten

Welche Aufgaben umfasst die Finanzbuchhaltung?
Buchführung, Bilanz, Gewinn-und Verlustrechnung

Welcher Bereich des Rechnungswesens ist zukunftsorientiert?
Planungsrechnung

Welcher Bereich des Rechnungswesens wird auch „externes Rechnungswesen" genannt?
Finanzbuchhaltung

Wie lange sind Buchungsbelege und wie lange Geschäftsbriefe aufzubewahren?
Buchungsbelege 10 Jahre, Geschäftsbriefe 6 Jahre

Kleingewerbetreibende sind von der Buchführungspflicht zwar befreit, aber ab welchem Gewinn gilt das nicht mehr?
60.000 € im Wirtschaftsjahr

Wie sind zweifelhafte Forderungen zu bilanzieren?
Bilanzierung mit dem wahrscheinlichen Wert

Wie nennt man den Grundsatz, dass die Eröffnungsbilanz des Geschäftsjahres mit dem der Schlussbilanz des vorhergehenden Geschäftsjahres übereinstimmen muss?
Bilanzidentität

Worüber geben in der Bilanz Aktiva und Passiva Auskunft?
Aktiva über Mittelverwendung, Passiva über Mittelherkunft

Übungsaufgaben

Aufgabe 1

Das HGB regelt die Grundsätze, die für eine ordnungsgemäße Buchführung gelten.
a) Nennen Sie das Prinzip, auf dem diese Grundsätze beruhen.
b) Nennen und erläutern Sie drei dieser Grundsätze.

Aufgabe 2

Bei der Bilanzierung gilt für die Berücksichtigung von Gewinnen und von Verlusten jeweils ein bestimmtes Prinzip. Nennen und erläutern Sie die beiden Prinzipien und erklären Sie auch, welchem Zweck das übergeordnete Vorsichtsprinzip dient.

Aufgabe 3

Ein Unternehmen hat sich an einem Zulieferunternehmen durch den Ankauf von 25.000 Aktien beteiligt und dabei Ordergebühren von 1,5% bezahlt. Erworben wurde das Aktienpaket zu einem Tageskurs von 21,80 € je Aktie. Der Kurs ist an der Börse inzwischen auf einen Tageswert von 23,40 € gestiegen. Ermitteln Sie den zu bilanzierenden Wert.

2. Finanzbuchhaltung

2009 Herbst, Aufg.2 | 2010 Früh, Aufg.1

Finanzbuchhaltung (FiBu) umfasst die **Bereiche** Buchführung, Bilanz, Gewinn und Verlustrechnung.
Zusammenhang der Bereiche:
Buchführung dokumentiert die Veränderung aller Vermögensgegenstände, der Schulden und des Eigenkapitals. Die Bestände an Vermögen, Schulden Eigenkapital werden in der **Bilanz** gegenübergestellt. In einer gesonderten Rechnung zeigt sie alle Aufwendungen und Erträge auf und stellt diese in der **Gewinn- und Verlustrechnung** (GuV) gegenüber.

Aufgaben der FiBu:
- Darstellung des Vermögens- und Schuldenstandes; jährlich: Bilanz, Inventar
- Aufzeichnung sämtlicher Veränderungen von Vermögen und Schulden
- Erfolgsermittlung (Gewinn- und Verlustrechnung; GuV)
- Grundlage für Ermittlung der Steuerschuld
- Beweismittel bei Rechtsstreitigkeiten
- Lieferung der Daten für KLR und Statistik

2.1 Grundlagen

Merkmale der Buchführung

Zeitrechnung = alle Aufwendungen und Erträge sowie alle Bestände der Vermögens- und Kapitalteile werden für eine bestimmte Periode erfasst.

Dokumentation = Aufzeichnung aller Geschäftsfälle nach Belegen; liefert die Daten für die anderen Bereiche des Rechnungswesens.

Rechenschaftslegung = Darlegung der Veränderung an Vermögen und Kapital sowie des Unternehmenserfolgs nach Abschluss einer Periode.

Geschäftsfall = alle Vorgänge im Unternehmen, die Vermögenswerte berühren.

Adressaten *(2016 Früh Aufg.2a)*

intern: Geschäftsleitung

extern: Jahresabschluss, eventuell Zwischenberichte, an

– Anteilseigner
– Gläubiger
– Finanzamt
– Mitarbeiter
– Analysten
– Öffentlichkeit.

(Achtung: eventuell Publizitätspflichten je nach Unternehmensform).

Bücher der FIBU (*2013 Herbst, Aufg.2):*

Grundbuch (Journal) – Erfassung sämtlicher Buchungen in zeitlicher Reihenfolge

Hauptbuch – Erfassung sämtlicher Buchungen, geordnet nach sachlichen Kriterien auf Bestands-und Erfolgskonten (Kontenplan)

Nebenbücher – Dokumentation von Einzelheiten zu bestimmten Sachkonten.
Kontokorrentbuch – Verbindlichkeiten und Forderungen bei Lieferanten (**Kreditoren**) und Kunden (**Debitoren**)
Lagerbuch – Zu-und Abgänge des Warenlagers
Lohn-und Gehaltsbuch – Abrechnungen der Arbeitsentgelte
Anlagebuch – Gegenstände des Anlagevermögens
Kassenbuch – Zahlungsmittelbestand
Rechnungsausgangsbuch – Fakturierung

Kontenrahmen – Kontenplan

Zweck: Erfüllung der Anforderungen auf Übersichtlichkeit und Nachvollziehbarkeit (siehe oben GoB, Kap. 1.2)
Kontenrahmen: Organisationsplan für Buchführung der Betriebe bestimmter Branchen, z.B.Industriekontenrahmen (IKR), verschiedene Standardkontenrahmen (SKR). Modell für den jeweiligen Wirtschaftszweig. Dekadischer Aufbau: 10 Klassen mit je 10 Kontengruppen mit je 10 Kontenarten mit je 10 Kontenunterarten.
Kontenplan: Anwendung des jeweiligen Kontenrahmens auf den einzelnen Betrieb; kompaktere Form durch Weglassen nicht benötigter Konten.

2.2 Jahresabschluss

Aufgaben
- Rechenschaftslegung und Information
- Grundlage für Steuerermittlung
- Grundlage für Gewinnverteilung

Bei Kapitalgesellschaften:
Prüfung durch unabhängigen Abschlussprüfer;
Offenlegung

Elemente des Jahresabschlusses
2013 Früh, Aufg. 2
Bilanz: Darstellung der Vermögens- und Finanzlage; zeitpunktbezogen
G & V: Gegenüberstellung von Aufwendungen und Erträgen; zeitraumbezogen
Anhang: u.a. Erläuterung zu Einzeldarstellung; Offenlegung der Methoden; Angabe von Beteiligungsverhältnissen
Lagebericht: Informationen über Geschäftsverlauf und Unternehmenslage.

Inventur: körperliche Bestandsaufnahme zur mengen- und wertmäßigen Erfassung aller Vermögensteile und Schulden.
Mengenermittlung durch Wiegen, Zählen, Messen, Schätzen.
Wertermittlung durch Bewertung.
„Buchinventur" bei „nichtkörperlichen Vermögensteilen" anhand von Belegen

Inventar: Zusammenfassung der Ergebnisse der Inventur.
Bestandsverzeichnis aller Vermögensteile und Schulden

Aufbau:

A. Vermögen	Gliederung nach zeitlicher Verfügbarkeit
I. Anlage-V.	
II. Umlauf-V.	
B. Schulden	Gliederung nach Fälligkeit
I. Langfristige	
II. Kurzfristige	
C. Eigenkapital	Restgröße
=Summe A – Summe B	

Aufbau der Bilanz
2009 Früh, Aufg. 2

Aktiva	Passiva
Anlagevermögen = Vermögensgegenstände, die dauerhaft zur Verfügung stehen	Eigenkapital = Kapital von Eigentümern; unbegrenzte Überlassungsdauer
Umlaufvermögen = Vermögensgegenstände, die schnell umgesetzt werden sollen	Fremdkapital = Kapital von Gläubigern mit begrenzter Überlassungsdauer
Mittelverwendung	Mittelherkunft

Inhalt der Bilanz (§ 247 HGB):
„In der Bilanz sind das Anlage-und das Umlaufvermögen, das Eigenkapital, die Schulden sowie die Rechnungsabgrenzungsposten gesondert auszuweisen und hinreichend aufzugliedern. - Beim Anlagevermögen sind nur die Gegenstände auszuweisen, die bestimmt sind, dauerhaft dem Geschäftsbetrieb zu dienen."

Bilanzaufbau Beispiel:
2011 Herbst, Aufg.2 | 2012 Früh, Aufg.2 | 2012 Herbst, Aufg.3 | 2014 Herbst, Aufg.1a | 2016 Früh Aufg.2b

Bilanz der Fachwirte-Prüfungs-GmbH zum 31.12. 2015

Aktiva	Passiva
I. Anlagevermögen	I. Eigenkapital
1. Grundstücke und Gebäude	
2. Maschinen	II. Schulden
3. Geschäftsausstattung	1. Hypotheken
II. Umlaufvermögen	2. Darlehen
1. Rohstoffe	3. Verbindlichkeiten aus Lieferungen und Leistungen
2. Hilfsstoffe	
3. Betriebsstoffe	
4. Unfertige Erzeugnisse	
5. Fertige Erzeugnisse	
6. Forderungen	
7. Kassenbestand	
8. Bankguthaben	
Summe Aktiva	Summe Passiva

Bilanzierungsverbote und -wahlrechte (§ 248 HGB):
nicht als Aktivposten aufgenommen werden dürfen:
1. Aufwendungen für die Gründung eines Unternehmens,
2. Aufwendungen für die Beschaffung des Eigenkapitals und
3. Aufwendungen für den Abschluss von Versicherungsverträgen.

Selbstgeschaffene immaterielle Vermögensgegenstände des Anlagevermögens können als Aktivposten in die Bilanz aufgenommen werden. Nicht aufgenommen werden dürfen selbstgeschaffene Marken, Drucktitel, Verlagsrechte, Kundenlisten oder vergleichbare immaterielle Vermögensgegenstände des Anlagevermögens.

Aktiv – /Passiv- Tausch / Mehrung

2008, Aufg.2 | 2010 Herbst, Aufg.2 | 2011 Früh, Aufg.3 | 2014 Früh, Aufg.1 | 2015 Herbst, Aufg.2 | 2016 Früh Aufg.1

Bezeichnung	Vorgang A	Vorgang B	Bilanzsumme:
Aktiv-Tausch	Zunahme Vermögensposten	Abnahme Vermögensposten	unverändert
Passiv-Tausch	Zunahme Schuldposten	Abnahme Schuldposten	unverändert
Aktiv-Passiv-Mehrung	Zunahme Vermögensposten	Zunahme Schuldposten	nimmt zu
Aktiv-Passiv-Minderung	Abnahme Vermögensposten	Abnahme Schuldposten	nimmt ab

Beispiele

Aktivtausch: Kunde zahlt Rechnung per Überweisung; Zunahme Bankguthaben, Abnahme Forderungen.

Passivtausch: Umwandlung einer Verbindlichkeit in ein Darlehen; Zunahme Darlehen, Abnahme Verbindlichkeiten.

Aktiv-Passiv-Mehrung: Anschaffung eines Schreibtischs mit Zahlungsziel; Zunahme Geschäftsausstattung, Zunahme Verbindlichkeiten.

Aktiv-Passiv-Minderung: Überweisung der Rechnung für den Schreibtisch; Abnahme Bankguthaben, Abnahme Verbindlichkeiten.

Jahresabschluss – Bestandskonten *(2015 Früh, Aufg.2)*
Konten zum Ausweis von Vermögensbeständen (z.B. Anlagen, Geschäftsausstattung) bzw. deren Veränderung. Saldo wird beim Jahresabschluss in die Bilanz überführt.

Aufbau **Aktivkonto**:

Soll	Haben
Anfangs-bestand	Bestands-minderungen
Bestands-mehrungen	Schluss-bestand

Aufbau **Passivkonto**:

Soll	Haben
Bestands-minderungen	Anfangs-bestand
Schluss-bestand	Bestands-mehrungen

Jahresabschluss – Erfolgskonten *(2015 Früh, Aufg.2)*
Konten zur Buchung erfolgswirksamer Geschäftsfälle (im Gegensatz zu erfolgsneutralen Geschäftsfällen; z.B. Löhne, Materialaufwand, Umsatzerlöse). – Salden werden beim Jahresabschluss in das GuV-Konto überführt.

GuV Gliederung (§ 275 HGB)
Zugelassen und detailliert hinsichtlich des Aufbaus in § 275 HGB geregelt sind zwei verschiedene Verfahren.
Gesamtkostenverfahren: Gegenüberstellung des gesamten Aufwandes und der gesamten Leistungen.
Umsatzkostenverfahren: Gegenüberstellung des für die abgesetzten Produkte entstandenen Aufwands und des Umsatzes.

Kontrollfragen Kap. 2

Nennen Sie drei externe Adressaten des Jahresabschlusses.

Nennen Sie vier verschiedene Bücher der Finanzbuchhaltung.

Was heißt „GuV“ und was wird in ihr gegenübergestellt?

Was ist der Unterschied zwischen „Inventur“ und „Inventar“?

Welchem Prinzip folgt in der Bilanz die Reihenfolge der Aktiva-Positionen?

Antworten

Nennen Sie drei externe Adressaten des Jahresabschlusses.
– Anteilseigner
– Gläubiger
– Finanzamt
– Mitarbeiter
– Analysten
– Öffentlichkeit.

Nennen Sie vier verschiedene Bücher der Finanzbuchhaltung.
Grundbuch -Hauptbuch -Kontokorrentbuch -Lagerbuch -Lohn- und Gehaltsbuch –Anlagebuch –Kassenbuch – Rechnungsausgangsbuch.

Was heißt „GuV" und was wird in ihr gegenübergestellt?
Gewinn- und Verlust-Rechnung; Gegenüberstellung von Aufwendungen und Erträgen.

Was ist der Unterschied zwischen „Inventur" und „Inventar"?
Inventur ist der Vorgang, Inventar das Ergebnis

Welchem Prinzip folgt in der Bilanz die Reihenfolge der Aktiva-Positionen?
Je kurzfristiger die Position zu liquiden Mitteln führen könnte, umso weiter unten; die liquiden Mittel selbst nach Verfügbarkeit.

Übungsaufgaben

Aufgabe 4

Erstellen Sie aus den nachfolgenden Daten eine nach Mittelverwendung und Mittelherkunft gegliederte vollständige Bilanz; beachten Sie bei den Positionen der Mittelverwendung die Reihenfolge.

Verbindlichkeiten aus Lieferungen	175.000
Kassenbestand	2.450
Geschäftsausstattung	85.000
Rohstoffe	74.550
Gebäude	875.000
Bankdarlehen	1.212.000
Unfertige Erzeugnisse	53.000
Maschinen	650.000
Bankguthaben	248.000
Forderungen aus Lieferungen	198.000

Aufgabe 5

Beschreiben Sie zu den Begriffen
-Aktivtausch;
-Passivtausch;
-Aktiv-Passiv-Mehrung;
-Aktiv-Passiv-Minderung
jeweils ein konkretes Beispiel

3. Kosten- und Leistungsrechnung

3.1 Einführung

2008, Aufg.3a

Die Kosten- und Leistungsrechnung (KLR) ist betriebsbezogen; sie befasst sich nur mit den Aufwendungen und Erträgen, die in engem Zusammenhang mit den betrieblichen Tätigkeiten („primären Funktionen“) stehen:
Beschaffung – Produktion – Absatz.

Hauptaufgaben

- Kalkulation und Preisbeurteilung
- Ermittlung der Selbstkosten, Grundlage für Verkaufspreise
- Kontrolle der Wirtschaftlichkeit
- Datengrundlagen für Überwachung der Kostenentwicklung
- Grundlage für Planungen und Entscheidungen
- Erfolgsermittlung und Bestandsbewertung

Teilbereiche der KLR

Kostenartenrechnung: Erfassung und Einteilung aller angefallenen Kosten; Fragestellung „Welche Kosten?“

Kostenstellenrechnung: Zuordnung von (Gemein-)Kosten zu Abteilungen etc.; Fragestellung: „Wo sind die Kosten entstanden?“

Kostenträgerrechnung: Zuordnung von Kosten zu betrieblichen Erzeugnissen; Fragestellung: „Wer hat die Kosten zu tragen?“

Zusammenhang der Teilbereiche:

Die Kostenartenrechnung teilt Kosten auf in Einzelkosten und Gemeinkosten. Letztere gehen ein in die Kostenstellenrechnung und von dort als Kalkulationssätze in die Kostenträgerrechnung, die daraus und den Einzelkosten die Selbstkosten ermittelt

Kostenbegriffe

Nach der Bewertungsgrundlage: **Pagatorische** = Zahlungsvorgänge; **wertmäßige** = Wertvorstellungen.
Nach dem Verhältnis zum Aufwand: **Grundkosten** (aufwandsgleich), **Anderskosten** (aufwandsverschieden), **Zusatzkosten** (aufwandslos)
Nach dem Verhältnis zur Ausbringungsmenge: **fixe** (mengenunabhängig), **variable** (mengenabhängig)
Nach der Zurechnung: **Einzelkosten** (direkt), **Gemeinkosten** (indirekt)
Nach dem Umfang der Zurechnung: **Vollkosten** (vollständige), **Teilkosten** (unvollständige)
Nach dem Zeitbezug: Plankosten (zukünftige), **Ist- / Normalkosten** (vergangene)

Aufwand und Kosten

2009 Früh, Aufg. 3 | 2010 Früh, Aufg.2 | 2010 Herbst, Aufg.3 | 2012 Früh, Aufg.5 | 2012 Herbst, Aufg.1 | 2016 Früh Aufg.6
Auszahlung = Abfluss von Zahlungsmitteln (Bargeld; Sichtguthaben) aus dem Unternehmen.
Ausgaben = Auszahlungen + entstandene Verbindlichkeiten
Aufwand = in der FiBu die während einer Periode verbrauchten Güter und Dienstleistungen.
Kosten = in der KLR die zur Erstellung der betrieblichen Leistung verbrauchten Güter und Dienstleistungen.

Aufwand für Kosten in gleicher Höhe = **Zweckaufwand** (= Grundkosten der KLR; z.B. Löhne, Rohstoffe)

Aufwand ohne Kosten

(= nicht zur betriebl. Leistungserstellung angefallener, **neutraler Aufwand**).

Arten:
betriebsfremder Aufwand (z.B. Spenden; Verluste aus Wertpapierverkäufen); betrieblich **außerordentlicher** Aufwand (z.B.Unfallschäden); **periodenfremder** Aufwand (z.B. Steuernachzahlung).

Anderskosten = Differenz zwischen Aufwand und Kosten (z.B. kalkulatorische Abschreibungen über bilanzielle Abschreibung hinaus, kalkulatorische Wagnisse)
Zusatzkosten = Kosten ohne gegenüberstehenden Aufwand (z.B. kalkulatorischer Unternehmerlohn, kalkulatorische Miete).
Anderskosten + Zusatzkosten = **kalkulatorische Kosten,** da sie für die Zwecke der KLR (v.a. Preisfestsetzung auf Basis der Ermittlung der Selbstkosten) kalkuliert werden müssen.

Ertrag und Leistung

2013 Früh, Aufg. 4 | 2014 Herbst, Aufg.3
Einzahlung = Zufluss von Zahlungsmitteln (Bargeld; Sichtguthaben) in das Unternehmen.
Einnahmen = Einzahlungen + entstandene Forderungen
Ertrag = in der FiBu der während einer Periode erwirtschaftete Wertzuwachs.
Leistung = in der KLR durch den Faktoreinsatz (Kosten) erzielte betriebliche Wertschöpfung. Bedeutet: die vom Betrieb hergestellten fertigen und unfertigen Erzeugnisse, Eigen- und Dienstleistungen (Erlöse aus dem Verkauf von Erzeugnissen; Mehrbestand von Fertigprodukten; eigene Herstellung von Werkzeug)
Ertrag für Leistungen in gleicher Höhe = **Zweckertrag** = Grundleistungen der KLR
Ertrag ohne Leistungen (= nicht durch betriebl. Leistungserstellung entstandener, **neutraler Ertrag**); Arten: **betriebsfremder** Ertrag (z.B. Gewinne aus Devisengeschäften; Erträge

aus Beteiligungen); betrieblich **außerordentlicher** Ertrag (z.B. durch Verkauf einer abgeschriebenen Maschine; aus der Auflösung von Rückstellungen); **periodenfremder** Ertrag (z.B. Steuerrückerstattung).

Andersleistungen = Differenz zwischen Erträgen und Leistungen (z.B. kalkulatorisch andere Bewertung von Lagerbeständen fertiger Erzeugnisse)

Zusatzleistungen = Leistungen ohne gegenüberstehenden Ertrag (z.B. ohne Berechnung abgegebene Erzeugnisse).

3.2 Kostenartenrechnung

2011 Früh, Aufg.2 | 2013 Herbst, Aufg.4b

Kalkulatorische Abschreibungen

Kosten, die die tatsächliche Wertminderung der Anlagen erfassen und in der Selbstkosten- und Betriebsergebnisrechnung verrechnet werden. Sofern sie über die Marktpreise abgegolten werden, beeinflussen sie das Gesamtergebnis positiv. - *Bilanzmäßige Abschreibungen* stellen dagegen Aufwand in der Gesamtergebnisrechnung der Finanzbuchhaltung dar und werden meist nach steuerlichen Gesichtspunkten bemessen. Sie beeinflussen die Wertansätze des Anlagevermögens in der Bilanz.

Kalkulatorische Zinsen

Kosten für die Nutzung des betriebsnotwendigen Kapitals. Ihre Verrechnung ermöglicht eine gleichmäßige Belastung der Abrechnungsperioden mit Zinskosten. In den Umsatzerlösen werden die Zinsen dem Unternehmen vergütet. - Die gezahlten *Fremdkapitalzinsen* stellen Aufwand dar. In der Abgrenzungsrechnung werden sie den verrechneten kalkulatorischen Zinsen gegenübergestellt

Kalkulatorische Wagnisse

2008, Aufg.3b | 2013 Herbst, Aufg.4a

An Stelle der tatsächlich eingetretenen Wagnisverluste werden in der Kosten- und Leistungsrechnung kalkulatorische Wagniszuschläge für die betreffenden Einzelrisiken ermittelt und verrechnet. Die Verrechnung von konstanten kalkulatorischen Wagniszuschlägen führt zu einer gleichmäßigen und anteiligen Belastung der Abrechnungsperioden mit Wagnisverlusten und eliminiert somit die Zufallseinflüsse aus der Selbstkosten- und Betriebsergebnisrechnung

Kalkulatorischer Unternehmerlohn
Bei Personengesellschaften wird unabhängig vom Unternehmungsgewinn für die Arbeitskraft mitarbeitender Gesellschafter ein Unternehmerlohn angesetzt und in die Preise einkalkuliert. - In *Kapitalgesellschaften* werden Gehälter der Vorstandsmitglieder / Geschäftsführer in der FiBu als Aufwand gebucht; in die KLR gehen sie als Kosten ein.

Kostenarten – Gliederung

2010 Herbst, Aufg.4 | 2016 Früh Aufg.5

Nach der Art des Verbrauchs in:
- **Materialkosten** (Roh-, Hilfs- und Betriebsstoffe)
- **Personalkosten** (Löhne und Gehälter)
- **Abschreibungen** (auf Anlagen; Forderungen)
- **Dienstleistungskosten** (Transport- und Versicherungskosten; Rechts- und Beratungskosten)
- **Zwangsabgaben** (Steuern, Zölle, Gebühren).

Nach der Zurechnung zu Kostenträgern in
- **Einzelkosten** können direkt den Kostenträgern zugerechnet werden (Material)
- Sondereinzelkosten (z.B. Modelle)
- **Gemeinkosten** können nicht direkt den Kostenträgern zugerechnet werden

Nach Verhältnis zur Ausbringungsmenge in
- variable Kosten
- fixe Kosten (siehe unter 3.5 Deckungsbeitragsrechnung)

Materialkosten – Abgrenzungen

Rohstoffe: Einzelkosten; Produktbestandteil
Hilfsstoffe: Gemeinkosten; Produktbestandteil
Betriebsstoffe: Gemeinkosten; kein Produktbestandteil

3.3 Kostenstellenrechnung

Zuordnung von Gemeinkosten zu Abteilungen, Produktionsgruppen etc. nach der Frage „Wo sind die Kosten entstanden?“

Abgrenzung der Kostenstellen
2009 Früh, Aufg. 5a
funktional: Zusammenfassung gleichartiger Tätigkeiten, Aufgaben; **räumlich**: Zusammenfassung nach örtlicher Lage; **organisatorisch**: in Übereinstimmung mit den Elementen der Aufbauorganisation.

Gliederung der Kostenstellen
Hauptkostenstellen: unmittelbar an Leistungserstellung beteiligt; Verrechnung der Kosten mithilfe von Zuschlagssätzen direkt auf Kostenträger. - **Hilfskostenstellen**: Stelle Leistungen anderen Kostenstellen zur Verfügung, indirekte Weitergabe der Kosten.

3.3.1 Betriebsabrechnungsbogen

2008, Aufg.5a | 2009 Früh, Aufg.5b+c | 2010 Herbst, Aufg.5 | 2012 Früh, Aufg.3 | 2014 Herbst, Aufg.4
Bindeglied zwischen Kostenarten – und Kostenträgerrechnung für Gemeinkosten. - Unterscheidung der Gemeinkosten: **Kostenstelleneinzelkosten** können auf Basis von Belegen den Kostenstellen direkt zugeordnet werden. – **Kostenstellengemeinkosten** werden über Verteilungsschlüssel aufgeteilt.

Primärkostenrechnung: Kostenstelleneinzelkosten (Material, Löhne) werden den Kostenstellen zugerechnet. – Kostenstellengemeinkosten (z. B. Gebäudekosten, Versicherungsprämien) werden aufgeteilt über Mengen- oder Wertschlüssel.

Beispiele für
- **Mengenschlüssel**: Raumfläche in Quadratmetern, Anzahl der Mitarbeiter;
- **Wertschlüssel**: Fertigungslöhne, Fertigungsmaterialkosten, Herstellkosten.

Sekundärkostenrechnung: innerbetriebliche Leistungszurechnung von Kostenstellen des allgemeinen Bereichs (Kantine, Rechenzentrum) oder Fertigungshilfskostenstellen (z.B. Instandhaltung).

3.3.2 Zuschlagsätze

2008, Aufg.5b | 2009 Herbst, Aufg.3 | 2010 Früh, Aufg.3a | 2011 Früh, Aufg.7 | 2013 Früh, Aufg.5 | 2015 Herbst, Aufg.3 | 2016 Früh Aufg.3

prozentualer Aufschlag auf eine Bezugsgröße zur verursachungsgerechten Zurechnung der Gemeinkosten auf Kostenträger.

Bezugsgrößen

Materialgemeinkostenzuschlagssatz: Einzelkosten Fertigungsmaterial.
Fertigungsgemeinkostenzuschlagsatz: Fertigungslöhne (Fertigungsgemeinkosten)
Verwaltungsgemeinkostenzuschlagsatz: Herstellkosten der Produktion
Vertriebsgemeinkostenzuschlagssatz: Herstellkosten des Umsatzes.

Berechnungsschema *(2008, Aufg.4a)*
1. Material-Einzelkosten + Material-Gemeinkosten
= **Materialkosten**
2. Fertigungslöhne + Fertigungsgemeinkosten + Sondereinzelkosten der Fertigung
= **Fertigungskosten**

Summe aus 1 + 2 = **Herstellkosten**, Bezugsgröße für Verwaltungsgemeinkostenzuschlagsatz; ergibt **Verwaltungskosten**.

Herstellkosten der Produktion + Saldo der Bestandsveränderungen an unfertigen und fertigen Erzeugnissen + Sondereinzelkosten des Vertriebs = Herstellkosten des Umsatzes, Bezugsgröße für Vertriebsgemeinkostenzuschlagsatz; ergibt **Vertriebskosten**.
Herstellkosten + Verwaltungskosten + Vertriebskosten = **Selbstkosten**

Beispiel:

Art	Leistung	In €	
Ek	Material	24,-	Material-K.
Gk	Material 12%	2,88	26,88 €
Ek	Löhne	4,20	Fertigungs-K.
Gk	Fertigung 250%	10,50	14,82
Ek	Sonderkosten	0,12	
	Herstellkosten:	26,88 + 14,82 = 41,70	
Gk	Verwaltung 10%	4,17	Verw.-+Vertr.-Gk
Gk	Vertrieb 20%	8,34	12,51 €

Die Summe von Herstellkosten + Verwaltungs- und Vertriebs-Gemeinkosten (41,70 + 12,51 = 54,21 €) ergibt die Selbstkosten. Die Differenzierung der Bezugsgrößen zwischen Verwaltungs- und Vertriebs-Gk wurde wie in den meisten Klausuren auch zur Vereinfachung der Tabelle nicht berücksichtigt.

Ist-Kostensatz: Zuordnung der tatsächlich entstandenen Kosten; **Normal-Kostensatz**: Zuordnung der Kosten nach dem Durchschnittswert vergangener Perioden zum Ausgleich von Schwankungen und/oder als Grundlage für Vorkalkulation. – Differenz der Normalkosten zu Ist-Kosten ergibt Über-/Unter-Deckung.

Übungsaufgaben

Aufgabe 6

a)
Ein Unternehmen hat folgende Ist-Gemeinkosten festgestellt:
-Material 276.000;
-Fertigung 790.000;
-Verwaltung 368.320;
-Vertrieb 253.220.

Erstellen Sie den BAB mit Angabe der Ist-Zuschlagsätze, wenn die Fertigungslöhne 316.000 betrugen und die Materialeinzelkosten 920.000.

b)
Kalkulieren Sie mit den unter a) ermittelten Zuschlagsätzen den Gewinn in %, wenn bei einem Netto-Verkaufspreis (NVP) von 980,-€, von dem 15% Rabatt und 3% Skonto abgehen, folgende Einzelkosten kalkuliert werden:
-Material 240,-€
-Löhne 72,-€
-Spezialverpackung 5,72 €.

Kontrollfragen

Was versteht man unter „pagatorischen“ Kosten?

Erklären Sie den Unterschied zwischen fixen und variablen Kosten.

Nennen Sie je ein konkretes Beispiel für „Anderskosten“ und für „Zusatzkosten“.

Was versteht man bei den Kostenarten unter „Zwangsabgaben“?

Erklären Sie den Begriff „Hilfskostenstellen“.

Antworten

Was versteht man unter „pagatorischen“ Kosten?
Kosten, die mit Zahlungsflüssen verbunden sind.

Erklären Sie den Unterschied zwischen fixen und variablen Kosten.
Fixe Kosten sind unabhängig von der Ausbringungsmenge, während variable Kosten mit der Leistungserstellung wachsen.

Nennen Sie je ein konkretes Beispiel für „Anderskosten“ und für „Zusatzkosten“.
Anderskosten werden in der KLR in anderer Höhe als in der Fibu angesetzt, z.B. Abschreibungen. –Zusatzkosten in der KLR steht in der Fibu keine Position gegenüber, z.B. kalkulatorischer Unternehmerlohn.

Was versteht man bei den Kostenarten unter „Zwangsabgaben“?
Steuern, Zölle, Gebühren, Pflichtexemplare

Erklären Sie den Begriff „Hilfskostenstellen“.
Sie stellen ihre Leistungen anderen Kostenstellen zur Verfügung, die Kosten können also nur indirekt auf die Kostenträger übertragen werden.

3.4 Kostenträgerzeit- und Kostenträgerstückrechnung

Zuordnung von Kosten zu betrieblichen Erzeugnisssen etc. nach der Frage „Wer hat die Kosten zu tragen?“

3.4.1 Kostenträgerzeitrechnung

Kurzfristige Erfolgsrechnung durch Verknüpfung von Kosten- und Leistungsrechnung. - Aufgaben:
- Ermittlung des Betriebsergebnisses
- Laufende Wirtschaftlichkeitskontrolle
- Ermittlung der Ergebnisbeiträge einzelner Kostenträger
- Überprüfung von Ergebniserwartungen und Entscheidungen

Kostenträgerblatt zur Ermittlung des Betriebsergebnisses gesamt und für einzelne Erzeugnisgruppen - Aufbau:
Herstellkosten der abgesetzten Erzeugnisse
\+ Verwaltungsgemeinkosten
\+ Vertriebsgemeinkosten
\+ Sondereinzelkosten des Vertriebs
= Selbstkosten der abgesetzten Erzeugnisse

Bruttoerlöse - Erlösschmälerungen = Nettoerlöse
Nettoerlöse - Selbstkosten der abgesetzten Erzeugnisse = Betriebsergebnis

Kostenträgerstückrechnung: Ermittlung der Herstellkosten und der Selbstkosten eines Produktes mithilfe eines Kalkulationsschemas. - Aufgaben
- Bestimmung der Preisuntergrenze
- Ableitung der Preisobergrenzen
- Ermittlung interner Verrechnungspreise
- Bewertung der Lagerbestände.

Kalkulationsarten nach Zeitpunkt:
Vorkalkulation – erfolgt vor der Leistungserstellung zur Planung des Produktions- und Absatzprogramms, zur Erstellung von Angeboten als Grundlage für die Preisbildung;
Zwischenkalkulation – erfolgt während der Leistungserstellung bei größeren Projekten zur Überwachung des Kostenrahmens;
Nachkalkulation - erfolgt nach der Leistungserstellung zur Feststellung der tatsächlich entstandenen Kosten, zur Analyse von Abweichungen.
Kalkulationsverfahren
Zuschlagskalkulation – Maschinenstundensatzkalkulation – Divisionskalkulation – Äquivalenzziffernkalkulation.

3.4.2 Zuschlagskalkulation

2010 Herbst, Aufg.6 | 2011 Herbst, Aufg.4 | 2012 Früh, Aufg.4 | 2012 Herbst, Aufg.6 | 2013 Herbst, Aufg.5 | 2014 Früh, Aufg.3 | 2016 Früh Aufg.3
Die Kostenträgergemeinkosten werden indirekt über prozentuale Zuschlagssätze den Kostenträgern zugerechnet. - Unterschied zu Divisions- und Äquivalenzziffernkalkulation: Differenzierung zwischen Kostenträgereinzelkosten und Kostenträgergemeinkosten; setzt Differenzierung in der Kostenartenrechnung voraus. Die Kostenträgereinzelkosten dienen zugleich als Zuschlagsbasis für die Kostenträgergemeinkosten.
Zuschlagskalkulation: summarisch
Verzicht auf Kostenstellenrechnung; die Kostenträgergemeinkosten werden lediglich insgesamt für das ganze Unternehmen (kleinere Betriebe mit geringen Gemeinkosten) erfasst. Das Verfahren unterstellt für sämtliche Kostenträger und Unternehmensbereiche dieselbe proportionale Beziehung zwischen Kostenträgereinzel- und Kostenträgergemeinkosten.

Kostenträgergemeinkosten werden in einer Summe auf eine bestimmte Zuschlagsbasis bezogen (i. d. R. Summe der Kostenträgereinzelkosten) und mit einem einheitlichen Zuschlagssatz verrechnet.

Zuschlagskalkulation: differenziert
Kostenträgergemeinkosten werden mit verschiedenen Zuschlagssätzen getrennt nach den Kostenbereichen Material, Fertigung, Verwaltung und Vertrieb (diese beiden werden in Klausuraufgaben oft zusammengefasst) verrechnet.

Kalkulationsschema
s.o. Kap. 3.3.2 Berechnungsschema

3.4.3 Maschinenstundensätze

Die Zuschlagskalkulation führt bei der Errechnung der Fertigungsgemeinkosten (FGK) zu ungenauen Ergebnissen. Der im Rahmen der Kostenstellenrechnung errechnete FGK-Zuschlagssatz wird gleichermaßen für alle Kostenträger herangezogen. Das führt zu einer unzutreffenden Belastung der Produkte, wenn

- die Erzeugnisse die Anlagen nicht gleichmäßig beanspruchen;
- die eingesetzten Maschinen unterschiedlich hohe Kosten auslösen.

Deshalb werden die FGK getrennt in **Maschinenkosten** und Rest-FGK; die Maschinenkosten werden auf der Basis von **Maschinenlaufstunden** zugerechnet.

3.4.4 Divisionskalkulation

2014 Früh, Aufg.3

Als **einstufige** D. vereinfachtes Verfahren: die Division aller angefallenen Kosten durch die Bezugsgröße / Ausbringungsmenge ergibt Kosten je Stück (**Stückselbstkosten**)

Auf die Anwendbarkeit wird meist hingewiesen durch die Formulierung „In einem Einproduktunternehmen…“

Die **zweistufige** D. berücksichtigt nicht nur die produzierte Menge, sondern durch Einbeziehung der Bestandsveränderungen an fertigen Erzeugnissen auch die abgesetzte Menge. Die Herstellkosten werden durch die produzierte, die Verwaltungs- und Vertriebskostgen durch die abgesetzte Menge dividiert; die Summe ergibt wieder die **Stückselbstkosten.**

Die **mehrstufige** D. unterscheidet zusätzlich zwischen Herstellkosten und Produktionsmengen verschiedener Fertigungsstufen.

3.4.5 Äquivalenzziffernkalkulation

2011 Herbst, Aufg.3 | 2015 Früh, Aufg.3

Verfeinerung der mehrstufigen Divisionskalkulation in Betrieben mit mehreren ähnlichen Produkten, aber unterschiedlichen Kosten. Die wichtigste Sorte wird als Bezugsgröße =1 gesetzt, den anderen Sorten im Verhältnis des Aufwandes abweichende Ziffern zugewiesen (z.B. bei 25% höheren Kosten die Äquivalenzziffer 1,25). Die jeweiligen Produktionsmengen werden mit diesen Äquivalenzziffern multipliziert zur Ermittlung einer „Einheitsmenge“ mit rechnerisch gleichen Stückkosten einer „Einheitssorte“. Diese Stückkosten werden berechnet durch Division der Gesamtkosten durch die gesamte Einheitsmenge. Die Multiplikation der Einheits-Stückkosten mit den Äquivalenzziffern ergibt die Stückkosten je Sorte.

3.4.6 Handelskalkulation

2008, Aufg.4b | 2009 Früh, Aufg.6 | 2010 Früh, Aufg.5 | 2011 Früh, Aufg.6 | 2012 Herbst, Aufg.7 | 2013 Herbst, Aufg.3 | 2014 Herbst, Aufg.5 | 2015 Früh, Aufg.4 | 2015 Herbst, Aufg.5

Besteht aus Bezugskalkulation, Selbstkostenkalkulation und Angebotskalkulation.

Bezugskalkulation:
Netto-Einkaufspreis – Lieferantenrabatt = Zieleinkaufspreis – Skonto = Bareinkaufspreis + Bezugskosten = Einstandspreis.

Selbstkostenkalkulation:
Einstandspreis + Handlungskosten (Aufschlag in %) = Selbstkostenpreis

Angebotskalkulation *2009 Herbst, Aufg.4; 2010 Früh, Aufg.3b*
Selbstkostenpreis + Gewinnaufschlag in % = Barverkaufspreis + Kundenskonto + Provisionen = Zielverkaufspreis + Kundenrabatt = Verkaufspreis.

Achtung 1.: Verwechslungsgefahr! „**Handelsspanne**“ ist Differenz zwischen Listenverkaufspreis und Bezugspreis in % des Listenverkaufspreises; „**Kalkulationszuschlag**“ ist Differenz zwischen Listenverkaufspreis und Bezugspreis in % des Bezugspreises. - *(2015 Früh, Aufg.4b)*

Achtung 2.: Bei der Angebotskalkulation müssen die Prozente für Skonto, Provision, Rabatt rückwärts gerechnet werden. –

Beispiel:
Selbstkostenpreis = 163,43 €
Gewinnaufschlag 4% = 4% auf 163,43 = 6,5372 =>
Barverkaufspreis = 169,9672

Kundenskonto 2%; Verkäuferprovision 10%: welcher Zielverkaufspreis ergibt abzüglich 2 + 10 = 12% den Barverkaufspreis von 169,9672?
Rechnung: 169,9672 / 0,88 = 193,144545.
Kundenrabatt 10%; welcher Verkaufspreis ergibt abzüglich 10% den Barverkaufspreis? Rechnung: 193,144545 / 0,9 = 214,605051.
Zur besseren Nachvollziehbarkeit wurde nicht gerundet; in der Klausur kann auf zwei Nachkommastellen gerundet werden. Rundungsdifferenzen führen nicht zu Punktabzug.

3.5 Vergleich von Voll- und Teilkostenrechnung

Vollkostenrechnung = alle Kosten (Variable und fixe) werden auf die Kostenträger verrechnet.
Probleme der Vollkostenrechnung: die Aufschlüsselung der Gemeinkosten ist nicht immer verursachungsgerecht; keine Unterscheidung zwischen beschäftigungsbedingten und beschäftigungsneutralen Kosten; keine Berücksichtigung von Fixkostendegression und Fixkostenremanenz.
Fixkostendegression: Sinken der Fixkosten pro Stück mit steigender Ausbringungsmenge.
Fixkostenremanenz: gleichbleibende Höhe des Fixkostensockels auch bei sinkender Kapazitätsauslastung.

Teilkostenrechnung = Aufschlüsselung nur eines Teils der Kosten, setzt Aufteilung in fixe und variable Bestandteile in der Kostenartenrechnung voraus. Produktkalkulation erfolgt ohne Fixkosten; ergibt Variable Selbstkosten als kurzfristige Preisuntergrenze. Das übersteigende Ergebnis trägt zur Deckung der Fixkosten bei (Deckungsbeitragsrechnung).
Proportionale Kosten = Kosten, die bei steigender Stückzahl in einem festen Verhältnis zur Stückzahl ansteigen; bedeutet gleich bleibende variable Stückkosten pro Einheit unabhängig von der Ausbringungsmenge. Wird als Normalfall bei den variablen Kosten angenommen.
Schreibweisen in Formeln: K = Gesamtkosten; k = Stückkosten; x = Menge; p = Stückpreis; U = Umsatz.
Suffix $_f$ = fixe Kosten; Suffix $_v$ = variable Kosten.
Also: Gesamtkosten = Fixkosten + variable Kosten als Formel
$K = K_f + K_v$.
Gesamte variable Kosten $K_v = k_v\ x$

3.5.1 Deckungsbeitragsrechnung (DBR)

2008, Aufg.6 | 2009 Früh, Aufg.4+ Aufg.7 | 2010 Früh, Aufg.4 | 2010 Herbst, Aufg.7 | 2011 Früh, Aufg.5 | 2011 Herbst, Aufg.5 | 2012 Herbst, Aufg.8 | 2013 Früh, Aufg.7 | 2014 Herbst, Aufg.7 | 2015 Früh, Aufg.6 | 2015 Herbst, Aufg.6

Der die variablen Kosten übersteigende Teil der Erlöse zur Deckung der Fixkosten. Die darüberhinausgehenden Erlöse liefern den Gewinn.

Einstufige DBR: Umsatz – variable Kosten = Deckungsbeitrag (DB); Summe aller Deckungsbeiträge – Fixkosten = Betriebsergebnis. – Im Formelschreibweise: $U = x\ p$; $DB = x\ p - x\ k_{V}$. Deckungsbeitrag pro Stück (db) = $p - k_{V}$

(mehrstufige DBR im RSP nicht gefordert und in den bisherigen Klausuren auch nicht gefragt)

Break-even-Analyse

2009 Herbst, Aufg.5 | 2010 Herbst, Aufg.8 | 2012 Früh, Aufg.7 | 2012 Herbst, Aufg.5 | 2013 Früh, Aufg. 8 | 2013 Herbst, Aufg.6 | 2014 Früh, Aufg.5+7 | 2015 Früh, Aufg.5 | 2016 Früh Aufg.4

Ermittlung der „**Gewinnschwelle**" als der Stückzahl, ab der Gewinn erzielt wird. Das ist die Ausbringungsmenge, ab der

- die Summe der Stückdeckungsbeiträge die Fixkosten deckt oder anders ausgedrückt
- die Menge, ab der der Umsatz die Gesamtkosten übersteigt.

In Formelschreibweise, wenn $p\ x = K_f + k_V\ x$.

Die häufig gestellte einfache Frage nach der Break-even-Menge bei gegebenen Daten für Fixkosten, Stückpreis und variablen Kosten lässt sich am einfachsten berechnen durch Division der Fixkosten durch die Differenz zwischen Stückpreis und variablen Stückkosten; anders ausgedrückt: Fixkosten geteilt durch Stückdeckungsbeitrag.

Beispiel:

Ein Unternehmen verkauft das Produkt A zum Stückpreis von 4,50 €. Die Materialkosten pro Stück betragen 1,20 €, die Lohnkosten pro Stück 0,80 €. Bei welcher Menge sind die Fixkosten von 150.000 € gedeckt? Variable Kosten pro Stück = 1,20 + 0,80 = 2 €. Preis 4,50 € => 2,50 € Deckungsbeitrag pro Stück. 150.000/2,50 € = 60.000. – Ist nach dem Break-even-Umsatz gefragt, muss nur diese Menge mit dem Stückpreis multipliziert werden, also 60.000 x 4,50 = 270.000 €

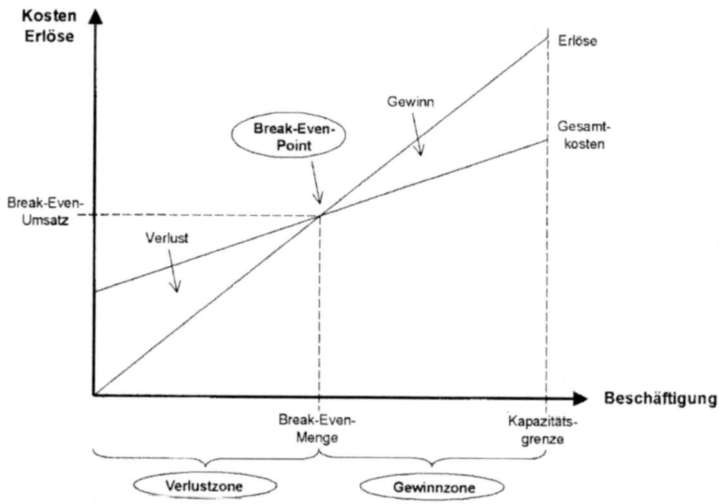

3.5.2 Anwendungen der Teilkostenrechnung

2011 Herbst, Aufg.6

Preisuntergrenze: kurzfristige Preisuntergrenze gegeben durch die variablen Kosten; langfristige Preisuntergrenze gegeben durch die Vollkosten.
Make-or-Buy: Entscheidung zwischen Eigenerstellung oder Fremdbezug durch Vergleich der Bezugskosten mit den eigenen variablen Kosten.

Übungsaufgaben

Aufgabe 7

Eine Freundin, die ein Nagel-Studio betreibt, bittet Sie um Hilfe bei der Frage, ob sie ihren Kundinnen ein Luxus-Maniküre-Set anbieten soll. Angeboten wurde es ihr zu folgenden Konditionen:
-Listenpreis 27,50 €
-Rabatt: 10%
-Skonto: 2 %
-Versandkosten pauschal pro Einheit 1,45 €
Sie hält einen Endverkaufspreis von 48,-€ für realistisch, wobei sie jedoch Stammkunden auf diesen Preis 10% Rabatt geben möchte.
Ermitteln Sie den Gewinnzuschlag bei einem Handlungskostenzuschlag von 40%.

Aufgabe8

Sie haben die Möglichkeit, auf dem Gelände einer Berufsschule einen Kiosk für 360,-€ im Monat zu mieten, um dort in zwei Unterrichtspausen am Vormittag belegte Brötchen zu verkaufen. Der Monat August ist mietfrei; für Dez. und Jan. bezahlen Sie nur die halbe Miete. Bedingung ist, dass die Brötchen nicht mehr als 1,20 € kosten dürfen. Sie könnten die Brötchen zum Stückpreis von 0,12 € beziehen. Die Kosten für den Belag veranschlagen Sie mit 0,24 €.

a) Bei welchem Jahresumsatz erreichen Sie die Gewinnschwelle?

b) Nach dem ersten Geschäftsjahr werten Sie die Erfahrungen aus. Sie haben an den 200 Schultagen im Durchschnitt 120 Brötchen verkauft. Eine derzeit beschäftigungslose Freundin erklärt sich bereit, die Brötchen zu schmieren und zu verkaufen. Es stehen zwei Varianten für ihre Entlohnung zur Auswahl:

1.Sie bekommt pro Einsatztag pauschal 40,-€;

2. Sie erhält pro verkauftem Brötchen eine Beteiligung von 0,30 €.

Berechnen Sie für beide Varianten Ihr Betriebsergebnis.

Kontrollfragen

Welchem Zweck dient die Nachkalkulation?

Was bedeutet der Begriff „Fixkostendegression"?

Wie errechnet man aus dem Zielverkaufspreis den Barverkaufspreis?

Woraus ergibt sich die kurzfristige Preisuntergrenze?

Wie errechnet man den Stückdeckungsbeitrag?

Wie ist das Verhältnis zwischen den gesamten Fixkosten einerseits und der Summe der Stückdeckungsbeiträge andererseits am Break-even-point?

Antworten

Welchem Zweck dient die Nachkalkulation?
Feststellung der tatsächlich entstandenen Kosten, Analyse von Abweichungen.

Was bedeutet der Begriff „Fixkostendegression"?
Sinken der Fixkosten pro Stück mit steigender Ausbringungsmenge

Wie errechnet man aus dem Zielverkaufspreis den Barverkaufspreis?
Zielverkaufspreis -Kundenskonto –Provisionen = Barverkaufspreis; also „rückwärts".

Woraus ergibt sich die kurzfristige Preisuntergrenze?
Aus den variablen Stückkosten.

Wie errechnet man den Stückdeckungsbeitrag?
Erlöse pro Stück abzüglich variablen Kosten.

Wie ist das Verhältnis zwischen den gesamten Fixkosten einerseits und der Summe der Stückdeckungsbeiträge andererseits am Break-even-point?
Der BEP ist definiert als der Punkt, an dem beide Beträge gleich groß sind.

4. Auswertung der betriebswirtschaftlichen Zahlen

4.1 Aufbereitung und Auswertung

Berichtswesen – Frage:
Wer soll was wem wann wie berichten?
Berichterstatter - Berichtsinhalt – Berichtsempfänger (Adressaten) - Berichtstermin – Berichtsart.

Berichtsarten
Standardbericht: periodisch wiederkehrende Berichte in standardisierter, z.T. gesetzlich vorgeschriebener Form.
Abweichungsbericht: Information bei und über Abweichungen von einem definierten Entwicklungspfad.
Bedarfsbericht: auf Anforderung (der Geschäftsführung) oder sonst gegebenem Anlass erstellte Information zu einem abgegrenzten Thema.
Adressaten *2009 Herbst, Aufg.8:*
Geschäftsführung – Anteilseigner - Mitarbeiter – Lieferanten – Kunden - Banken – Multiplikatoren (Öffentlichkeit).

Kennzahlen – Arten
Grundzahlen – absolute Zahlen (z.B. Umsatz, Umsatzzuwachs in Währungseinheiten, Jahresüberschuss)
Verhältniszahlen – relative Zahlen; z.B.:
- Gliederungszahlen (Quoten) = Verhältnis einer Teilgröße zur Gesamtgröße, z.B. Frauenquote = Anzahl Frauen / Anzahl Mitarbeiter; Anlagenintensität = Anlagevermögen / Gesamtvermögen (meist Multiplikation des Ergebnisses mit 100 zur Angabe in %).

- Beziehungszahlen = Verhältnis zwischen zwei Größen, z.B. Benzinverbrauch / Anzahl der Fahrzeuge
- Indexzahlen = Erstellen einer Zeitreihe der Daten mit Umrechnung der Werte bezogen auf den Wert des Ausgangsjahres = 100.

Jahresüberschuss *2013 Früh, Aufg. 6a*
Bei Berechnung aus Bilanz-Vergleich: Veränderung des Eigenkapitals plus Privatentnahmen - eventueller neuer Einlagen. – In der GuV Saldo aller Erträge und Aufwendungen.

Benchmarking
Gewinnung von Bezugsgrößen zur Beurteilung eigener Daten und Entwicklungen; extern: Orientierung an Daten von Mitbewerbern, Marktführer, Branchenwerten; intern: Vergangenheitswerte, Potentialschätzung, Entwicklungslinie.
Achtung: Im Marketing wird in letzter Zeit Benchmarking in eingeengter Bedeutung gleich gesetzt mit der Orientierung am Branchenführer

Kennzahlen
Anlagenintensität = Anlagevermögen / Gesamtvermögen
Umlaufintensität = Umlaufvermögen / Gesamtvermögen

Eigenkapitalquote = Eigenkapital / Gesamtkapital
Fremdkapitalquote = Fremdkapital / Gesamtkapital
Verschuldungskoeffizient = Fremdkapital / Eigenkapital

4.2 Rentabilitätsrechnung

2008, Aufg.7 | 2009 Früh, Aufg.8 | 2009 Herbst, Aufg.7 | 2010 Früh, Aufg.6 | 2010 Herbst, Aufg.9 | 2011 Früh, Aufg.4 | 2011 Herbst, Aufg.7 | 2012 Früh, Aufg.6 | 2012 Herbst, Aufg.2 | 2013 Früh, Aufg.6 | 2013 Herbst, Aufg.7 | 2014 Früh, Aufg.6 | 2014 Herbst, Aufg.1b | 2015 Früh, Aufg.7 | 2015 Herbst, Aufg.7 | 2016 Früh, Aufg.6

Eigenkapital-R. = Jahresergebnis / Eigenkapital
Gesamtkapital-R. = (Jahresergebnis + Fremdkapital-Zinsen) / Gesamtkapital
Umsatz-R. = Jahresergebnis / Umsatz
In den Klausuraufgaben ist meist das Jahresergebnis nicht direkt angegeben, sondern muss aus der Veränderung des Eigenkapitals und/oder anderen Angaben wie z.B. Entnahmen und neue Einlagen errechnet werden –siehe oben unter „Jahresüberschuss".

Leverage-Effekt: Erhöhung der Rentabilität des Eigenkapitals durch Einsatz von Fremdkapital; Voraussetzung für diesen Effekt ist, dass die Gesamtkapital-Rentabilität höher ist als der Zinssatz für das Fremdkapital.
Beispiel:
Gesamtkapital 10.000, Zinssatz für Fremdkapital 5 %; Rentabilität Gesamtkapital 10 %.
Sit.1: Eigenkapital 8000, Fremdkapital 2000; Gewinn 1000, Fremdkapitalzins 100, Reingewinn = 900; Eigenkapitalrentabilität = 900/7000 × 100 = 12,86 %.
Sit. 2: Eigenkapital 6000, Fremdkapital 4000; Gewinn 1000, Fremdkapitalzins 200, Reingewinn = 800; Eigenkapitalrentabilität = 800/6000 × 100 = 13,33 %

5. Planungsrechnung

Siehe auch „Unternehmensführung", Kap. 1.2

2008, Aufg.8 | 2013 Früh, Aufg. 3 | 2014 Herbst, Aufg.6

Die **Planung** sammelt alle durch Buchführung, KLR und Statistik bereit gestellten Daten und Auswertungen und erstellt die Pläne für die zukünftige Entwicklung des Unternehmens (Vorschaurechnung). - Man unterscheidet z. B. zwischen Investitionsplan, Finanzierungsplan, Beschaffungsplan, Personalbedarfsplan und Absatzplan.

Planungsrechnung

Aus den Ist-Daten (Vergangenheit) werden Plan- (Soll-) Daten für die Zukunft (= Zielwerte) entwickelt. - In der aktuellen Periode können dann durch Soll-Ist-Vergleiche Erkenntnisse über die Zielerreichung und eventuell erforderliche Maßnahmen gewonnen werden.

Planungshorizonte

Strategisch = langfristig (z.B. 5 Jahre)
Taktisch = mittelfristig (z.B. 2 Jahre)
Operativ = kurzfristig

Regelkreis

Festlegung von Soll-Größen –> Ermitteln der Ist-Werte -> Durchführung des Soll-Ist-Vergleichs –> Analyse der Abweichungen –> Festlegung von Maßnahmen

Prognose

Feststellung erwarteter Werte für die Zukunft, im einfachen Fall errechnet aus linearer Fortschreibung der Vergangenheitswerte; komplexere Verfahren z.B. Szenario-Technik
Siehe auch „Unternehmensführung", Kap. 1.5

Kontrollfragen

Was ist der Unterschied zwischen „externem“ und „internem“ Benchmarking?

Wie lautet die Formel zur Errechnung der Gesamtkapital-Rentabilität?

Wie nennt man den Effekt einer Erhöhung der Eigenkapital-Rentabilität durch eine Zunahme des Fremdkapital-Anteils?

Nennen Sie fünf verschiedene Planungsrechnungen.

Aus welchen Phasen besteht der Regelkreis?

Antworten

Was ist der Unterschied zwischen „externem" und „internem" Benchmarking?
extern: Orientierung an Daten von Mitbewerbern, Marktführer, Branchenwerten; intern: eigene (Vergangenheits-)Werte

Wie lautet die Formel zur Errechnung der Gesamtkapital-Rentabilität?
(Jahresergebnis+ Fremdkapital-Zinsen) / Gesamtkapital

Wie nennt man den Effekt einer Erhöhung der Eigenkapital-Rentabilität durch eine Zunahme des Fremdkapital-Anteils?
Leverage-Effekt

Nennen Sie fünf verschiedene Planungsrechnungen.
Investitionsplan
Finanzierungsplan
Beschaffungsplan
Personalbedarfsplan
Absatzplan.

Aus welchen Phasen besteht der Regelkreis?
Festlegung von Soll-Größen –> Ermitteln der Ist-Werte -> Durchführung des Soll-Ist-Vergleichs –> Analyse der Abweichungen -> Festlegung von Maßnahmen.

Übungsaufgaben

Aufgabe9

Zusätzlich zu den nachstehenden Bilanzen liegen folgende Daten vor: im Jahr 2014 erfolgten Privatentnahmen durch die Gesellschafter von 24.000 €; es wurden Zinsen für Fremdkapital von 13.400 € gezahlt.

Bilanz zum 31.12.2013

Aktiva		**Passiva**	
Gebäude	200.000	Eigenkapital	116.000
Maschinen	148.000	Hypotheken	380.000
Geschäfts-ausstattung	67.800	Darlehen	110.000
Rohstoffe	32.000	Verbindlichkeiten	74.000
Fertige Erzeugnisse	40.000		
Forderungen	58.000		
Kasse, Bank	34.200		
Summe	580.000		580.000

Bilanz zum 31.12.2014

Aktiva		**Passiva**	
Gebäude	200.000	Eigenkapital	103.000
Maschinen	159.000	Hypotheken	380.000
Geschäfts-ausstattung	65.000	Darlehen	30.000
Rohstoffe	30.000	Verbindlichkeiten	72.000
Fertige Erzeugnisse	38.000		
Forderungen	61.000		
Kasse, Bank	32.000		
Summe	585.000		585.000

a) Ermitteln Sie den Jahresüberschuss für 2014.

b) Berechnen Sie die durchschnittliche Eigenkapital- und die Gesamtkapitalrentabilität für 2014.

Aufgabe10

Aus einer vereinfachten Strukturbilanz einer Unternehmung sind die nachfolgenden Werte ersichtlich:

Aktiva		Passiva	
Anlageverm.	60.000	Eigenkapital	55.000
Umlaufverm.	40.000	Hypotheken	45.000
Summe	100.000		100.000

a) Ermitteln Sie die Kennzahlen Anlagenintensität, Arbeitsintensität und Eigenkapitalquote.

b) Beurteilen Sie welche Vorteile eine hohe Eigenkapitalquote für das Unternehmen im Allgemeinen hat.

c) Durch welche Maßnahmen ließe sich die Eigenkapitalquote positiv beeinflussen?

Übungsaufgaben - Lösungen

Aufgabe 1

Das HGB regelt die Grundsätze, die für eine ordnungsgemäße Buchführung gelten.
a) Nennen Sie das Prinzip, auf dem diese Grundsätze beruhen.
b) Nennen und erläutern Sie drei dieser Grundsätze.

a) Prinzip: Für einen sachverständigen Dritten muss ein Überblick über Geschäftsfelder und Unternehmenslage in angemessener Zeit möglich sein.

b)
-Klarheit und Übersichtlichkeit = sachgerechte und überschaubare Organisation der Buchführung, übersichtliche Gliederung von Bilanz und Gewinn-und Verlustrechnung, Leserlichkeit aller Eintragungen.
-Keine Buchung ohne Beleg = jeder Geschäftsvorfall muss anhand von Belegen fortlaufend und vollständig, sachlich richtig und zeitgerecht erfasst und dokumentiert werden, damit alle Buchungen jederzeit nachprüfbar sind. Kasseneinnahmen und Ausgaben müssen täglich aufgezeichnet werden.
-Verständliche Sprache = bei den Aufzeichnungen in der Buchführung hat sich der Kaufmann einer lebenden Sprache zu bedienen.
-Richtigkeit und Willkürfreiheit = die Aufzeichnungen in den Handelsbüchern müssen sachlich und rechnerisch richtig sein und nach einheitlichen Grundsätzen gemacht werden. Abkürzungen, Ziffern und Buchstaben müssen in ihrer Bedeutung eindeutig festliegen.

Aufgabe 2

Bei der Bilanzierung gilt für die Berücksichtigung von Gewinnen und von Verlusten jeweils ein bestimmtes Prinzip. Nennen und erläutern Sie die beiden Prinzipien und erklären Sie auch, welchem Zweck das übergeordnete Vorsichtsprinzip dient.

Imparitätsprinzip: es sind alle vorhersehbaren Risiken und Verluste zu berücksichtigen, selbst wenn sie erst zwischen Abschlussstichtag und Erstellung des Jahresabschlusses bekannt geworden sind.
Realisationsprinzip: Gewinne sind nur zu berücksichtigen, wenn sie am Abschlussstichtag realisiert sind.
Vorsichtsprinzip entspricht dem Grundsatz kaufmännischer Vorsicht, sich nicht reicher zu rechnen als man ist, sondern eher etwas ärmer.

Aufgabe 3

Ein Unternehmen hat sich an einem Zulieferunternehmen durch den Ankauf von 25.000 Aktien beteiligt und dabei Ordergebühren von 1,5% bezahlt. Erworben wurde das Aktienpaket zu einem Tageskurs von 21,80 € je Aktie. Der Kurs ist an der Börse inzwischen auf einen Tageswert von 23,40 € gestiegen. Ermitteln Sie den zu bilanzierenden Wert.

Entsprechend dem Niederstwertprinzip ist nicht mit dem (höheren) Tageskurs zu bilanzieren, sondern mit den Anschaffungskosten, zu denen auch die Ordergebühren gehören; also: 25.000 x 21,80 € + 1,5% = 553.175 €

Aufgabe 4

Erstellen Sie aus den nachfolgenden Daten eine nach Mittelverwendung und Mittelherkunft gegliederte vollständige Bilanz; beachten Sie bei den Positionen der Mittelverwendung die Reihenfolge.

Verbindlichkeiten aus Lieferungen	175.000
Kassenbestand	2.450
Geschäftsausstattung	85.000
Rohstoffe	74.550
Gebäude	875.000
Bankdarlehen	1.212.000
Unfertige Erzeugnisse	53.000
Maschinen	650.000
Bankguthaben	248.000
Forderungen aus Lieferungen	198.000

Bilanz zum 31.12.2014

Aktiva		Passiva	
I. Anlagevermögen		**I. Eigenkapital**	799.000
Gebäude	875.000		
Maschinen	650.000		
G.ausstattung	85.000	**II. Fremdkapital**	
II. Umlaufvermögen		Darlehen	1.212.000
Rohstoffe	74.550	Verbindlichkeiten	175.000
Unfertige Erzeugnisse	53.000		
Forderungen	198.000		
Kasse	2.450		
Bank	248.000		
Summe	2.186.000		585.000

Die Reihenfolge bei den Aktiva folgt der Verfügbarkeit; das Eigenkapital ergibt sich aus der Differenz zwischen Summe der Aktiva und Fremdkapital.

Aufgabe 5

Beschreiben Sie zu den Begriffen
-Aktivtausch;
-Passivtausch;
-Aktiv-Passiv-Mehrung;
-Aktiv-Passiv-Minderung
jeweils ein konkretes Beispiel

Aktivtausch: Kunde zahlt Rechnung per Überweisung; Zunahme Bankguthaben, Abnahme Forderungen.
Passivtausch: Umwandlung einer Verbindlichkeit in ein Darlehen; Zunahme Darlehen, Abnahme Verbindlichkeiten.
Aktiv-Passiv-Mehrung: Anschaffung eines Schreibtischs mit Zahlungsziel; Zunahme Geschäftsausstattung, Zunahme Verbindlichkeiten.
Aktiv-Passiv-Minderung: Überweisung der Rechnung für den Schreibtisch; Abnahme Bankguthaben, Abnahme Verbindlichkeiten.

Aufgabe 6

a) Ein Unternehmen hat folgende Ist-Gemeinkosten festgestellt:
-Material 276.000;
-Fertigung 790.000;
-Verwaltung 368.320;
-Vertrieb 253.220.

Erstellen Sie den BAB mit Angabe der Ist-Zuschlagsätze, wenn die Fertigungslöhne 316.000 betrugen und die Materialeinzelkosten 920.000.

	Material	Fertigung	Verwaltung	Vertrieb
Ist-Gk	276.000	790.000	368.320	253.220
Bezug	920.000	316.000	2.302.000	2.302.000
Satz %	30	250	16	11

Bezugsgröße Verwaltung und Vertrieb = Summe der Material- und Fertigungskosten

b) Kalkulieren Sie mit den unter a) ermittelten Zuschlagsätzen den Gewinn in %, wenn bei einem Netto-Verkaufspreis (NVP) von 980,-€, von dem 15% Rabatt und 3% Skonto abgehen, folgende Einzelkosten kalkuliert werden:
-Material 240,-€
-Löhne 72,-€
-Spezialverpackung 5,72 €.

Material		*240,-*
Material-Gk	30 %	72,-
Löhne		72,-
Fertigungs-Gk	250 %	180,-
Herstellkosten		564,-
Verw.+Vertr.Gk	16 + 11 = 27 %	152,28
Sonder-Einzelkosten		5,72
Selbstkosten		722,-
Gewinn	**11,9 %**	**86,01**
Bar-VP		808,01
Skonto	3 %	24,99
Ziel-VP		833,-
Rabatt	15 %	147,-
Netto-VP		980,-

Aufgabe 7

Eine Freundin, die ein Nagel-Studio betreibt, bittet Sie um Hilfe bei der Frage, ob sie ihren Kundinnen ein Luxus-Maniküre-Set anbieten soll. Angeboten wurde es ihr zu fol-genden Konditionen:
-Listenpreis 27,50 €
-Rabatt: 10%
-Skonto: 2 %
-Versandkosten pauschal pro Einheit 1,45 €
Sie hält einen Endverkaufspreis von 48,-€ für realistisch, wobei sie jedoch Stammkunden auf diesen Preis 10% Rabatt geben möchte.
Ermitteln Sie den Gewinnzuschlag bei einem Handlungskostenzuschlag von 40%.

Listenpreis		27,50
Rabatt	10 %	2,75
Netto		24,75
Skonto	2 %	0,50
Bar-Einkaufspreis		24,25
Bezugskosten		1,45
Einstandspreis		25,70
Gewinnzuschlag	20 %	7,22
Barverkaufspreis		43,20
Skonto	0 %	--
Ziel-VP		43,20
Rabatt	10 %	4,80
Listen-Verkaufspreis		48,-

Aufgabe 8

Sie haben die Möglichkeit, auf dem Gelände einer Berufsschule einen Kiosk für 360,-€ im Monat zu mieten, um dort in zwei Unterrichtspausen am Vormittag belegte Brötchen zu verkaufen. Der Monat August ist mietfrei; für Dez. und Jan. bezahlen Sie nur die halbe Miete. Bedingung ist, dass die Brötchen nicht mehr als 1,20 € kosten dürfen. Sie könnten die Brötchen zum Stückpreis von 0,12 € beziehen. Die Kosten für den Belag veranschlagen Sie mit 0,24 €.

a) Bei welchem Jahresumsatz erreichen Sie die Gewinnschwelle?

b) Nach dem ersten Geschäftsjahr werten Sie die Erfahrungen aus. Sie haben an den 200 Schultagen im Durchschnitt 120 Brötchen verkauft. Eine derzeit beschäftigungslose Freundin erklärt sich bereit, die Brötchen zu schmieren und zu verkaufen. Es stehen zwei Varianten für ihre Entlohnung zur Auswahl:

1.Sie bekommt pro Einsatztag pauschal 40,-€;

2. Sie erhält pro verkauftem Brötchen eine Beteiligung von 0,30 €. - Berechnen Sie für beide Ihr Betriebsergebnis.

a) Die Gewinnschwelle ist erreicht, wenn die Fixkosten gedeckt sind. Fixkosten p.a. = 10 x 360 = 3.600 €; Deckungsbeitrag pro Brötchen = Vk-Preis –variable Kosten = 1,20 –0,36 = 0,84 €.-3.600 / 0,84 = 4.285,71 Brötchen. Da man nicht 0,71 Brötchen verkaufen kann also 4.286 Brötchen. *-Gefragt ist aber nach dem Umsatz! Also:*4.286 x 1,20 = 5.143,20

Aber mit dem genauen Ergebnis inklusive der Nach-Kommastellen zu rechnen, wird auch als richtig gewertet

b) Variante 1 bedeutet eine Erhöhung der Fixkosten um 200 x 40 = 8.000 € auf 11.600 €. Das Betriebsergebnis ist:

200 x 120 Brötchen á 0,84 € = 20.160 –11.600 = 8.560 €

Variante 2 bedeutet eine Erhöhung der variablen Kosten pro Brötchen auf 0,66 €. Damit DB pro Brötchen = 0,54 €.

200 x 120 Brötchen á 0,54 € = 12.960 –3.600 = 9.360 €.

Aufgabe 9

Zusätzlich zu den nachstehenden Bilanzen liegen folgende Daten vor: im Jahr 2014 erfolgten Privatentnahmen durch die Gesellschafter von 24.000 €; es wurden Zinsen für Fremdkapital von 13.400 € gezahlt.

Bilanz zum 31.12.2013

Aktiva		***Passiva***	
Gebäude	*200.000*	*Eigenkapital*	*116.000*
Maschinen	*148.000*	*Hypotheken*	*380.000*
Geschäfts-ausstattung	*67.800*	*Darlehen*	*110.000*
Rohstoffe	*32.000*	*Verbindlichkeiten*	*74.000*
Fertige Erzeugnisse	*40.000*		
Forderungen	*58.000*		
Kasse, Bank	*34.200*		
Summe	*580.000*		*580.000*

Bilanz zum 31.12.2014

Aktiva		***Passiva***	
Gebäude	*200.000*	*Eigenkapital*	*103.000*
Maschinen	*159.000*	*Hypotheken*	*380.000*
Geschäfts-ausstattung	*65.000*	*Darlehen*	*30.000*
Rohstoffe	*30.000*	*Verbindlichkeiten*	*72.000*
Fertige Erzeugnisse	*38.000*		
Forderungen	*61.000*		
Kasse, Bank	*32.000*		
Summe	*585.000*		*585.000*

a) Ermitteln Sie den Jahresüberschuss für 2014.
b) Berechnen Sie die durchschnittliche Eigenkapital- und die Gesamtkapitalrentabilität für 2014.

a) Er lässt sich ermitteln aus der Differenz des Eigenkapitals plus den Privatentnahmen; also: 24.000 –13.000 = 11.000

b) Hier ist der Haken das Wort „durchschnittliche“: als Bezugsgröße ist jeweils das durchschnittliche Eigen-bzw. Gesamtkapital anzusetzen. Das ergibt sich für das Jahr 2014 aus dem Mittelwert zwischen dem entsprechenden Betrag am Anfang des Jahres(= dem entsprechenden Wert der Schlussbilanz 2013) und dem Wert der Schlussbilanz 2014, also für Eigenkapital (116.000 + 103.000)/2 = 109.500, Gesamtkapital 582.500. Die Eigenkapitalrentabilität beträgt damit:
11.000/109.500 x 100 = 10,046%; bei der Gesamtkapitalrentabilität kommt zum Betriebsergebnis noch der Fremdkapitalzins dazu, also:
(11.000+13.400)/582.500 x 100 = 4,19%.

Aufgabe 10

Aus einer vereinfachten Strukturbilanz einer Unternehmung sind die nachfolgenden Werte ersichtlich:

Aktiva		***Passiva***	
Anlageverm.	*60.000*	*Eigenkapital*	*55.000*
Umlaufverm.	*40.000*	*Hypotheken*	*45.000*
Summe	*100.000*		*100.000*

a) Ermitteln Sie die Kennzahlen Anlagenintensität, Arbeitsintensität und Eigenkapitalquote.

b) Beurteilen Sie welche Vorteile eine hohe Eigenkapitalquote für das Unternehmen im Allgemeinen hat.
c) Durch welche Maßnahmen ließe sich die Eigenkapitalquote positiv beeinflussen?

a) Anlagenintensität: Anlagevermögen =60 %
Arbeitsintensität: Umlaufvermögen =40 %
Eigenkapitalquote: Eigenkapital = 55 %

b) Vorteile im Einzelnen:
-Das Eigenkapital ist „unkündbar" und steht daher dem Unternehmen langfristig zur Verfügung;
-Das Eigenkapital erhöht die Kreditwürdigkeit, da es für das Fremdkapital haftet;
-Das Eigenkapital wirkt als „Verlustpuffer" und kann somit einer Insolvenz wegen Überschuldung vorbeugen;
-Das Eigenkapital verursacht im allgemeinen keine Liquiditätsbelastung durch Zins-und Tilgungszahlen, die selbst dann aufzubringen sind, wenn keine Gewinne erwirtschaftet werden;
-Eine hohe Eigenkapitalquote ermöglicht ein hohes Maß an Unabhängigkeit von Kreditgebern, die häufig bei Investitionen und anderen Entscheidungen eine Mitsprache ausüben.

c) -Veräußerung nicht betriebsnotwendigen Sachanlagevermögens
- Abbau von Vorräten
- Abbau von Forderungen(Forderungen eintreiben und/oder verkaufen)
- Verkauf von Finanzanlagen
- „Sale-and-lease-back" betriebsnotwendiger Vermögensgegenstände mit anschließender Tilgung von Fremdkapital
- Zuführung von zusätzlichem Eigenkapital.

Extra-Kapitel „Ergänzungsprüfung“

Wie der Name bereits sagt, „ergänzt“ diese Prüfung lediglich, und zwar die schriftliche Prüfung. Die Regelung für die Ergänzungsprüfung in der Prüfungsordnung steht als Anhang am Ende. Das Wichtigste: Die Ergebnisse der (nicht ausreichenden) Klausur UND der Ergänzungsprüfung werden nicht einfach gemittelt, sondern das schriftliche zählt doppelt. Daraus folgt, dass bei weniger als 25 Punkten in der Klausur selbst 100 Punkte im Mündlichen nicht zum Ausgleich reichen würden. Deshalb gibt es bei einer ungenügenden Leistung die Möglichkeit der Ergänzungsprüfung nicht. Wie viele Punkte man in der Ergänzungsprüfung braucht, lässt sich am leichtesten so ausrechnen, dass man den Abstand zu 50 Punkten aus dem schriftlichen verdoppelt und zu 50 dazu addiert. Konkret: wer aus der Klausur mit 42 Punkten rausgekommen ist, hatte 8 Punkte zu wenig; mal 2 = 16 + 50 = 66. Übrigens: in der Prüfungsordnung steht, dass die Ergänzungsprüfung „anzubieten“ ist! Man kann also durchaus auch dieses freundliche Angebot ablehnen und nochmal die Klausur schreiben...
Bleibt noch die häufig gestellte Frage, wie denn die Chancen bei X Punkten sind. Eine Statistik darüber gibt es nicht. Und im Fachwirte-Forum gibt es zwar vereinzelt Berichte von Leuten, die es trotz der vergleichsweise guten Vorgabe von 46 Punkten (= 58 in der Ergänzungsprüfung erforderlich) nicht geschafft haben. Aber mindestens genauso häufig werden kleine Wunder berichtet von 90 Punkten und mehr. Ohne Anspruch auf eine repräsentative Aussage: von denen, die 40 Punkte und mehr im schriftlichen hatten, schaffen es die meisten, mit weniger als 40 Punkten, also mehr als 70 zu erreichenden auch noch viele. Also an die Arbeit!

Der Prüfer, das unbekannte Wesen

Gleich als erstes vorab: die Prüfungsausschüsse bestehen aus – ganz normalen MENSCHEN! Nein, keine Roboter, keine Zombies und auch keine eigens ausgewählten Folterknechte oder Hobby-Sadisten. Allerdings gibt es in Deutschland 80 Industrie- und Handelskammern, die im Sinne der Prüfungsordnungen „zuständige Stellen“ für die Bildung von Prüfungsausschüssen sind. Da kommt man bestimmt auf rund 1.000 Prüfungsausschüsse. Und wenn jeder Ausschuss im Durchschnitt auch nur über wenigstens 5 aktive Mitglieder verfügt, dann reden wir hier über 5.000 verschiedene Menschen. Da ist vielleicht doch mal ein Sadist dabei – oder sogar ein Zombie... Das ist aber deshalb wiederum nicht soooo schlimm, weil immer mindestens drei Prüfer anwesend sind. Also kann der Roboter, der Sadist, der Zombie mit 2:1 überstimmt werden.

Manche Spekulationen im Internet – vor allem von Leuten, die bei einer Prüfung durchgefallen sind – lassen wirklich die schlimmsten Befürchtungen aufkommen! Aber es gibt auch andere Stimmen, die Mut machen: fast alle, die bestanden haben, berichten, wie überraschend freundlich und wohlwollend die Prüfer waren! Also: wer prüft da eigentlich? Besonders dann, wenn die zuständige IHK auch Vorbereitungskurse für die Prüfung anbietet, entstehen Unsicherheiten über das Verhältnis der IHK zu den Prüfern. Aber ob die IHK auch als Kursveranstalter tätig wird oder nicht, hat nichts mit der Prüfung zu tun. Und die Teilnehmer von IHK-Kursen werden in der Prüfung auch nicht anders behandelt als die anderen. Es entscheidet jede IHK für sich, ob sie für die Abnahme der Prüfung zu einem bestimmten Abschluss einen Prüfungsausschuss bildet. Bietet die IHK selbst einen Vorbereitungskurs an, wird sie das wahrscheinlich tun – aus dem einfachen Grund, weil dann ja auch eine nennenswerte Anzahl an Prüflingen im Zuständigkeitsbereich der Kammer zu erwarten ist. Wenn sie das tut, setzen sich nicht etwa Mitarbeiter der IHK zusammen, sondern sie beruft in diesen Ausschuss „Ehrenamtliche“. Das ist nicht ganz einfach, denn ein Ehrenamt kann man auch ablehnen; es bedeutet schließlich Arbeit. Die Leute, die sich in den zu prüfenden Bereichen auskennen, verdienen sicher in einer Stunde beruflichen Einsatzes mehr Geld als an einem ganzen Tag mit Prüfungen bei der IHK. Dennoch: Die meisten Mitglieder der Prüfungsausschüsse sind Praktiker; sie stehen im Berufsleben und kennen sich aus dieser praktischen Erfahrung heraus in dem Stoffgebiet aus. Hinzu kommen häufig Leute, die selbst im Weiterbildungsbereich aktiv sind, sei es als Dozenten in Vorbereitungskursen oder als Bildungsverantwortliche in Wirtschaftsverbänden. Und mancher Prüfer hat selbst erst vor ein paar Jahren diesen Abschluss gemacht und sitzt jetzt auf der anderen Seite. Jedenfalls hat keiner ein Interesse daran, Prüflinge zu quälen oder gar durchfallen zu lassen. Es wird durchweg wohlwollend und auf Bestehen geprüft. Und der genannte berufliche Hintergrund der Prüfer führt auch dazu, dass keine hoch theoretischen Finessen gefragt werden, sondern der Praxisbezug und die Anwendung des Gelernten im Vordergrund stehen. Aber natürlich wird auch nichts geschenkt. Wäre das Auftreten vor dem Prüfungsausschuss nur eine Formalie, könnte man es gleich ganz lassen. Eine zu milde Bewertung würde auf Dauer dazu führen, den jeweiligen Abschluss zu entwerten. Damit wäre niemandem gedient.

Der formale Ablauf

Die meisten Kammern halten es so, dass bei der schriftlichen Mitteilung eines Ergebnisses, das nicht zum Bestehen gereicht hat, auf die Möglichkeit der Ergänzungsprüfung hingewiesen und um Mitteilung gebeten wird, ob man davon Gebrauch machen möchte. Es ist also nochmal eine eigene Anmeldung oder zumindest Rückmeldung erforderlich. Ob dafür auch gesondert Gebühren erhoben werden, ist ebenfalls Sache der einzelnen Kammern und ihrer Gebührenordnungen. Die Einladung selbst kommt erst dann, wenn feststeht, wie viele Ergänzungsprüfungen in welchen Fächern abzulegen sind. Wie schon bei der Einladung zur schriftlichen Prüfung wird natürlich auch eine genaue Zeit angegeben, aber hier empfiehlt es sich besonders, mindestens 15 Minuten vorher da zu sein. Insbesondere dann, wenn viele Prüfungsgespräche anberaumt sind, lässt sich der Zeitplan nicht immer genau einhalten. Das kann dazu führen, dass man erst später dran kommt. Aber es kommt auch immer wieder vor, dass eine Prüfung kurzfristig ausfällt, weil der Prüfling nicht angetreten ist. In der Einladung steht meistens nichts von Unterlagen (außer einem Ausweis und der Einladung selbst vielleicht) oder Hilfsmitteln, die man mitbringen soll. Das beantwortet schon die häufig gestellte Frage, ob man in der Ergänzungsprüfung eine Formelsammlung verwenden darf: nein – aus dem einfachen Grund, dass man sie nicht braucht. Umgekehrt: wenn in der Einladung zulässige Hilfsmittel wie eine Gesetzessammlung genannt werden, bedeutet das nicht zwingend, dass man sie auch braucht.

Wenn es soweit ist, wird man in den Prüfungsraum gerufen. Dort sind mindestens drei Prüfer, denen man meistens alleine gegenüber steht bzw. sitzt. Manchmal werden auch mehrere Prüflinge gleichzeitig geprüft. Das ist insofern angenehm, als man Leidensgenossen um sich hat und nicht alleine der geballten Aufmerksamkeit ausgesetzt ist. Andererseits gilt das Gesetz: man kennt immer die Antworten auf die Fragen, die andere bekommen. Normal ist, dass man alleine geprüft wird. Der Vorsitzende des Ausschusses begrüßt den Kandidaten bzw. stellt die Identität fest, manche stellen auch dem Prüfling die einzelnen Mitglieder des Prüfungsausschusses namentlich vor. Dann wird man gefragt, ob man sich gesundheitlich in der Lage fühlt, die Prüfung abzulegen und ob man Vorbehalte gegen den Ausschuss hat. Ich habe es zwar in Hunderten von Prüfungen noch nie erlebt, aber zumindest theoretisch besteht in diesem Moment eine letzte Chance, zur Prüfung nicht anzutreten ohne durchzufallen – zum Beispiel, indem man dekorativ in Ohnmacht fällt. Und dann beginnt die eigentliche Prüfung mit dem Gespräch (dazu das nächste Kapitel). Danach wird man gebeten, den Raum zu verlassen, und der Ausschuss berät über die Punktevergabe. Das dauert schon deshalb, weil einiges an Formularen auszufüllen ist. Wenn es sich hinzieht, muss das also keine Streitigkeiten im Ausschuss über das Ergebnis bedeuten. Im Prüfungsgespräch führt meist ein Mitglied des Ausschusses Protokoll über die Themen mit einer Notiz, ob die Fragen mit oder ohne Hilfestellung, ganz oder teilweise, richtig oder falsch beantwortet wurden. Auf dieser Grundlage werden dann die Punkte vergeben. Wenn der Ausschuss sich geeinigt und alle Formulare ausgefüllt hat, wird man wieder hereingerufen. In manchen Fällen „kondoliert“ der Vorsitzende und bringt einem schonend bei, dass es nicht gereicht hat. Meistens aber gibt es eine Gratulation. Manche machen es auch erst mal spannend und stellen dem Kandidaten die durchaus ernst gemeinte Frage, wie er selbst denn die gezeigte Leistung einschätzt. Das ist zugegeben in diesem Moment, in dem man einfach nur wissen will, ob man es geschafft hat, nicht sehr menschenfreundlich.

Das Prüfungsgespräch

Wie das Gespräch geführt wird, ist Sache des jeweiligen Ausschusses. Im Normalfall wird zunächst immer nur ein Prüfer die Fragen stellen; erst wenn der keine mehr hat, haben dann die anderen Mitglieder des Ausschusses auch Gelegenheit, weitere Fragen anzuschließen. Ob das geschieht oder nicht lässt keine Rückschlüsse darauf zu, ob der Ausschuss „zufrieden" oder „unzufrieden" ist. Es muss ja nicht immer gleich um Leben oder Tod, bestanden oder durchgefallen gehen. Vielleicht soll mit zusätzlichen Fragen die Chance gegeben werden, auf eine noch bessere Note zu kommen. Wer auch immer wie fragt: das Wichtigste ist, seine Nerven unter Kontrolle zu behalten und – zuzuhören! Das gilt ganz besonders dann, wenn man etwas nicht weiß. Es ist kein Beinbruch, wenn man nachfragen muss oder behauptet, die Frage nicht ganz verstanden zu haben. Aber viele verpassen dann eine Chance: sie wühlen panisch in ihrem Gedächtnis nach einer Information zum Gefragten und – hören gar nicht, dass der Prüfer ihnen gerade solche Informationen gibt! Kaum ein Prüfer wird nämlich seine Frage einfach wörtlich wiederholen. Er formuliert sie anders, konkretisiert sie, ergänzt sie um ein Beispiel – was auch immer: er gibt zusätzliche Hinweise auf die Lösung! Also genau zuhören und auch hinsehen; manchmal stecken diese Hinweise in Gesten wie z.B. einer Wellenbewegung mit der Hand für den Konjunkturverlauf. Im Übrigen liegt gerade hier ein riesiger Vorteil der Ergänzungsprüfung im Vergleich zur Klausur: in der Klausur ist es weit schwerer, damit zurecht zu kommen, wenn man eine Frage nicht oder falsch versteht!

Die Prüfung findet als „Gespräch" statt, und zu einem Gespräch gehören immer mindestens zwei, die beide den Gesprächsverlauf beeinflussen. Das gilt durchaus auch für das Prüfungsgespräch. Der Prüfling ist keineswegs dazu verdammt, nur den weiteren Verlauf abzuwarten. Nirgends steht geschrieben, dass eine Frage nur entweder knapp oder gar nicht zu beantworten sei. Solange man redet, kommen keine neuen und eventuell weniger angenehmen Fragen. Das bedeutet keineswegs, auf Teufel komm raus los zu schwadronieren, auch wenn man absolut keine Ahnung hat. Ein solch offensichtlicher Versuch, sich irgendwie über die Zeit zu retten, nervt nur und nützt nichts. Aber wenn man eine Frage bekommen hat, bei der man sich auskennt, wäre es dumm, die Gelegenheit zur umfassenden Darlegung seines gesamten Wissens ungenutzt zu lassen. Der Prüfer wird sich schon melden, wenn es ihm zu viel wird. Und unterbrochen zu werden, weil man zu viel weiß, ist in einer Prüfung wahrhaftig nicht das Schlechteste. Im umgekehrten Fall einer Frage, die exakt das schwarze Loch des eigenen Wissens trifft, ist es besser, gleich zuzugeben, dass man davon keine Ahnung hat, als sich endlos zu winden. Die Zeit läuft – und je schneller man aus dieser Phase, in der man einen schlechten Eindruck macht, herauskommt umso besser. Kein Prüfer wird sich auf ein solches Eingeständnis hin weigern, das Thema zu wechseln.

Eher etwas für Nervenstarke ist der Versuch, den Gesprächsverlauf zu manipulieren. Nur selten liest ein Prüfer vorbereitete Fragen von einem Blatt ab. Auch hier gilt: es ist ein Gespräch. Die nächste Frage hängt damit stark ab von der Antwort auf die vorangegangene. Das bietet die Möglichkeit, Fragen zu provozieren. Was damit gemeint ist, lässt sich am besten an einem Beispiel verdeutlichen: für eine Ergänzungsprüfung in VWL hat man sich die Phasen des Konjunkturzyklus vorwärts und rückwärts reingezogen – leider wird man aber nach dem Bruttoinlandsprodukt gefragt. Der Versuch, direkt zum Lieblingsthema abzulenken („Das Bruttoinlandsprodukt ist wichtig zur Beurteilung der konjunkturellen Entwicklung. Die Konjunktur...") wird meist scheitern, weil die Ausgangsfrage ja nicht mal im Ansatz beantwortet ist. Aber mit einem Köder könnte man es versuchen: „Das Bruttoinlandsprodukt ist ..“ (und jetzt wäre es schon gut, wenn man in etwa wüsste, was es ist) Und weiter etwa so: „Es ist unter anderem wichtig zur Beurteilung der konjunkturellen Entwicklung...“ – OHNE jetzt weiter auf Konjunktur einzugehen; war ja auch nicht gefragt. Die meisten Prüfer lassen sich aber durchaus von solchen Stichworten in der Antwort zur nächsten Frage „inspirieren“.

Exkurs: Die „Würmer-Methode“

Den Versuch, in der Prüfung so schnell wie möglich auf sein Lieblingsthema zu kommen, nenne ich auch die „Würmer-Methode“ nach einem alten Witz, der an der Universität Heidelberg kursierte (und sich vielleicht ganz nur dem erschließt, der den Pfälzer Dialekt kennt). Drei Biologie-Studenten bereiten sich gemeinsam auf eine mündliche Prüfung vor. Sie hören, dass der prüfende Professor Spezialist für Würmer sei, also konzentrieren sie sich auf dieses Thema. Am Tag X betritt der erste von ihnen den Raum und wird aufgefordert, etwas über - den Elefanten zu erzählen. Geistesgegenwärtig antwortet er: „Der Elefant ist ein großes Säugetier – mit einem wurmförmigen Rüssel. Die Würmer unterscheidet man...“ usw. Kandidat 2 trifft es noch härter: er soll sein Wissen über Fliegen preisgeben. Nach kurzem Nachdenken findet auch er einen Weg: „Fliegen sind lästige Insekten. Wenn man mit der Faust drauf schlägt, entstehen gelbe wurmförmige Ausscheidungen. Die Würmer...“ Der inzwischen von Kandidat 1 vorgewarnte Kandidat 3 schließlich will jedes Risiko vermeiden. Er betritt den Prüfungsraum gleich mit den Worten: „So, do wär mer! Die Würmer...“.

Häufige Fehler

Es gibt ein paar Dinge, die mir in den Hunderten von Prüfungen immer mal wieder begegnet und unangenehm aufgefallen sind. Sicher, jeder Prüfer „tickt" anders, und andere stört es vielleicht gar nicht, aber es ist kein Fehler, auf die folgenden Punkte zu achten:

Auf eine Frage zuerst mit einer inhaltsfreien Floskel zu antworten, um Zeit zum Nachdenken über die wirkliche Antwort zu gewinnen, ist absolut normal und in allen Gesprächssituationen üblich. „Moment – lassen Sie mich kurz nachdenken" ist eine solche Floskel, gegen die nichts einzuwenden ist. Und es ist immer noch besser als eine Kette von „äääähh" und „hhmmm" oder irgendwelchen unverständlichen gutturalen Lauten. Vermeiden sollte man in der Prüfung aber den Satz „Das ist eine gute Frage!" Schließlich soll der Prüfer die Antwort beurteilen, und nicht der Prüfling die Frage. Dieser Satz wirkt, auch wenn er sicher gar nicht so gemeint ist, einfach unangemessen und überheblich.

Manche Prüflinge glauben anscheinend, kompetenter zu wirken, wenn sie sich geschwollen ausdrücken und möglichst Fremdwörter verwenden. Es gilt wie in jedem Gespräch, dass man nur die Begriffe verwenden sollte, die man auch kennt und versteht. Ein Fremdwort oder einen Fachausdruck nicht zu kennen ist keine Schande, aber es falsch zu verwenden oder auszusprechen ist peinlich und lässt einen als Hochstapler dastehen.

Wenn man auf eine Frage zwar durchaus weiß, worum es dabei geht, aber einem der passende Fachausdruck nicht einfällt, ist das kein Beinbruch. Man darf sich nur nicht auf diese Gedächtnislücke fixieren. Wenn man sagt: „Mir fällt jetzt der Fachausdruck nicht ein; aber inhaltlich geht es darum..." und erklärt es, gegebenenfalls auch an einem Beispiel, dann wird der Prüfungsausschuss, die Aufregung als mildernden Um-

stand werten. Und wenn das Gesagte stimmt, hat man damit ja bewiesen, dass man es wirklich verstanden hat – und nicht auswendig gelernt.
Gegenstand der Prüfung sollen Fachwissen und Kenntnisse sein, nicht das persönliche Niveau des Auftretens. Aber Menschen urteilen nun mal zu einem hohen Prozentsatz irrational – und wie wir eingangs festgestellt haben, sind auch die Prüfer (meistens) Menschen... Kurzum: man muss nicht gerade im dunklen Anzug bzw. im „kleinen Schwarzen" mit weißem Hemd bzw. Bluse antreten; wenn man so was auch sonst nie trägt, sieht man vielleicht weniger vornehm als mehr komisch aus. Aber die Kleidung sollte schon etwa so sein, wie man auch zu einem Bewerbungsgespräch antreten würde, bei dem man die Stelle wirklich will. Sonst entsteht leicht der Eindruck, dass die Prüfung und damit auch der Prüfungsausschuss nicht besonders ernst genommen werden.

Die Vorbereitung

Zwischen der Mitteilung, dass man in einem Fach die 50 Punkte nicht erreicht hat, und dem Termin der Ergänzungsprüfung bleibt oft nicht viel Zeit. Wenn man keinen Urlaub nehmen kann und arbeiten muss, hat man ein Problem, weil ja auch die Präsentation vorbereitet werden muss. Der erste Schritt zur Lösung ist, klare Prioritäten zu setzen. Wenn man sich zur Ergänzungsprüfung anmeldet, dann will man damit die Chance nutzen, diesen Teil der Prüfung möglichst rasch erfolgreich abzuschließen. Die beste Präsentation nützt gar nichts, wenn man sie gar nicht erst halten darf, weil man es in der Ergänzungsprüfung nicht geschafft hat, also gar nicht erst zur Präsentation zugelassen ist.

Es gibt auch allen Grund, zuversichtlich zu sein. Schließlich hat man es schon mal geschafft, für sechs Fächer gleichzeitig zu lernen und in fast allen zu bestehen. Jetzt geht es nur noch um ein Fach. Grundkenntnisse sind ja bereits vorhanden – und das, was im Vorfeld den Meisten eher Angst macht, nämlich dass man mündlich vor einem Ausschuss geprüft wird, ist im Gegenteil ein zusätzlicher Grund zur Zuversicht. So ziemlich jeder bestätigt hinterher, dass es gar nicht so schwer war (siehe oben). Und wie wir später sehen werden, scheiden etliche besonders unangenehme Aufgabenstellungen weitgehend aus.

Für das Lernen selbst gelten jetzt ein paar andere Regeln als für die Vorbereitung auf eine Klausur. In einer Klausur muss man die Fragestellung genau lesen und richtig verstehen, also auch mit alten Prüfungen trainieren; in der Ergänzungsprüfung kann man nachfragen. In der Klausur hat man Prüfungsstoff für mindestens eine Stunde Bearbeitungszeit zu bewältigen; die Ergänzungsprüfung dauert nur 15 Minuten. In der Klausur geht es zumindest theoretisch um 100 Punkte, in der Ergänzungsprüfung um das Doppelte der Lücke im schriftlichen zu 50 Punkten, meist also „nur" um eine gute 4 oder eine schlechte 3.

Das ist die Ausgangslage für die Antwort auf die wichtigste Frage: Was wird gefragt? Das wissen Tage vor dem Prüfungstermin noch nicht einmal die Prüfer selbst. Was wir wissen ist, dass in fast allen Fällen keine vorbereiteten Aufgaben gestellt werden, dass man nur selten auf einer Tafel zeichnen, fast nie etwas rechnen muss. Damit scheiden schon einmal eine ganze Reihe der am meisten gefürchteten Fragen aus. Immer mit dem Vorbehalt, dass eine Prognose über das konkrete Verhalten der Prüfer niemals in allen Einzelfällen zutreffen wird: der Einstieg in das Prüfungsgespräch erfolgt mit vergleichsweise einfachen Fragen. Dabei geht es um Grundbegriffe und elementare Zusammenhänge des jeweiligen Fachs. Zwar kann es z.B. in VWL auch mal vorkommen, dass ein Prüfer mit der Frage nach einer Zahl einsteigt (Inflationsrate oder Arbeitslosenquote), aber das ist mehr eine Gesprächseröffnung als eine Prüfungsfrage. Und mehr noch als in den Klausuren gilt auch für das Prüfungsgespräch: es geht nicht in erster Linie um Faktenwissen. Eine Frage, die mit einem Wort zu beantworten ist („Wie nennt man den Punkt, ab dem Gewinn gemacht wird?") kommt vielleicht mal vor, aber für die Bewertung entscheidend ist mehr der Gesamteindruck, ob man das Thema im Prinzip verstanden hat.

Dass in der Ergänzungsprüfung Fragen aus der nicht bestandenen Klausur nochmal aufgegriffen werden, ist eher selten bzw. wenn es geschieht mehr Zufall. Das würde man zunächst anders vermuten, zumal oft auch derjenige, der das Prüfungsgespräch führt, die Klausur korrigiert hat. Es ist wohl eher ein praktisches Problem: die Korrektur liegt schon wieder ein paar Wochen zurück, die darin gestellten Fragen sind also nicht mehr im Gedächtnis. Die Unterlagen dazu sind bei der IHK irgendwo in einem Tresor. Vorliegen hat der Prüfungsausschuss die Klausuren bei der Ergänzungsprüfung meistens nicht.

Im Normalfall wird es damit für die Vorbereitung auf die Prüfung genügen, anhand des Rahmenstoffplans oder noch besser einer kompakten und lückenlosen Zusammenfassung des Fachs (dazu gibt es ja dieses Buch!) zu kontrollieren, ob man zu all diesen Punkten etwas weiß, sich die markieren, bei denen man sich unsicher fühlt, und diese Themen dann im Textband oder Lehrbuch zu wiederholen.

Prüfungsordnung

§ 4 Abs. 6 ist identisch in den Prüfungsordnungen der Abschlüsse, die „Wirtschaftsübergreifende Qualifikationen" als Prüfungsteil A haben (Industrie-, Wirtschafts-Fachwirte und mehrere Abschlüsse aus der „Familie der Dienstleistungs-Fachwirte").

„Wurden in nicht mehr als einem Qualifikationsbereich mangelhafte Prüfungsleistungen erbracht, ist in diesem Qualifikationsbereich eine mündliche Ergänzungsprüfung anzubieten. Bei einer oder mehreren ungenügenden Leistungen besteht diese Möglichkeit nicht. Die Ergänzungsprüfung soll anwendungsbezogen durchgeführt werden und in der Regel nicht länger als 15 Minuten dauern. Die Bewertungen der schriftlichen Prüfungsleistung und der mündlichen Ergänzungsprüfung werden zu einer Note zusammengefasst. Dabei wird die Bewertung der schriftlichen Prüfungsleistung doppelt gewichtet."

Stichwortverzeichnis

A

B

D

E

F

G

H

I

W

Z

Literatur

Titel dieser Reihe „Prüfungswissen kompakt“ liegen auch vor zu den **Handlungsbereichen**:

„Wirtschaftsbezogene Qualifikationen“:
- Volks-und betriebswirtschaftliche Grundlagen
- Recht und Steuern
- Unternehmensführung

*alle erhältlich als **eBook** bei amazon und als **Taschenbuch** mit zusätzlichen Kontrollfragen und Übungsaufgaben im Buchhandel.*

Die vier Titel der **Wirtschaftsbezogene Qualifikationen** sind zusammengefasst ohne Kontrollfragen und Übungsaufgaben in einer Paperback-Ausgabe erschienen:
ISBN 978-3-95887-195-3; 188 S.

Für **Wirtschaftsfachwirte**:
Wirtschaftsfachwirte: Handlungsspezifische Qualifikationen; 216 S.; ISBN 978-3-95887-295-0

Wirtschaftsfachwirte: Präsentation und Fachgespräch; 136 S.; ISBN 978-3-95887-285-1

Für **Industriefachwirte**:
Industriefachwirte: Handlungsspezifische Qualifikationen; 220 S.; ISBN 978-3-95887-395-7